Typenkompass

Horst W. Laumanns

Drohnen

seit 1990

Motor buch Verlag

Einbandgestaltung: Sven Rauert

Bildnachweis: Sämtliche Abbildungen mit freundlicher Genehmigung der Hersteller bzw. Betreiber; Autor und Verlag danken für die Zurverfügungstellung.

ISBN 978-3-613-03423-5

1. Auflage 2012

Sie finden uns im Internet unter
www.motorbuch-verlag.de

Lektorat: Alexander Burden/Simone Klöhn
Innengestaltung: WS-WerbeService Linke, 76185 Karlsruhe
Druck und Bindung: Kessler Druck und Medien, 86399 Bobingen
Printed in Germany

Inhalt

Die Zukunft ist unbemannt

Vor 1914 spukte das »Kriegsflugzeug« nur in der Phantasie der Romanschriftsteller. Noch lange nach Ausbruch des Ersten Weltkrieges wurde der »fliegende Soldat« skeptisch beurteilt und lediglich für Aufklärung und Erkundung eingesetzt. Erst im weiteren Verlauf des Krieges reifte das Kampfflugzeug zur gefürchteten, vielseitigen Waffe heran und revolutionierte das taktische und strategische militärische Denken. Der Krieg in der Luft und aus der Luft war Realität geworden!

Neben immer leistungsfähigeren Fluggeräten schuf der Krieg als »Vater aller Dinge« in einer Spirale von Gewalt und Gegengewalt aber auch immer wirksamere Flugabwehrsysteme. Waffensysteme, die die Gefahr für Leib und Leben der fliegenden Besatzungen bei sehr gefährlichen Kampfeinsätzen in unkalkulierbarem Maße gefährdeten. Allerdings ist zu beachten, dass Militärs bei der Analyse dieser Gefahren nicht nur das »Pilotenrisiko«, sondern auch den Verlust kostspieliger Flugzeuge bewerten müssen. Denn ein verhältnismäßig preiswertes unbemanntes Fluggerät ist leichter zu »verschmerzen« als extrem teure Kampfflugzeuge und kostspielig geschulte fliegende Besatzungen.

Als Lösung erschienen boden- und/oder schiffsgestützte unbemannte Fluggeräte von Flugzeug- und Hubschrauber-ähnlicher Konstruktion. In Entwicklung und Produktion preiswerter als konventionelle Kampfflugzeuge, können sie in größerer Zahl gefertigt und vielseitiger eingesetzt werden: Aufklärung, Zieldarstellung, Stör-, Täusch-, Köder- und Luftangriffmissionen. Werden sie zur Bekämpfung stark verteidigter oder bedrohlicher Objekte eingesetzt, entfällt das »Pilotenrisiko«, der Aufwand für Ausbildung und Treibstoff ist kostengünstiger und die Verwundbarkeit der unbemannten Fluggeräte in der Luft und am Boden ist weitaus geringer.

Erste Bestrebungen zur Entwicklung unbemannter Fluggeräte gab es nach dem Ersten Weltkrieg. Damals nutzte man ferngelenkte Flugzeuge als Übungsziele. Eines der ersten dieser Fluggeräte war ein umgerüsteter britischer zweisitziger Schuldoppeldecker de Havilland D.H.82B »Tiger Moth«. Genannt »Queen Bee« (Bienenkönigin), soll ihr Name zur Familie der Honigbienen und letztendlich dazu geführt haben, dass sich der Begriff »Drohne« (Drohn: plumpes Bienen-Männchen ohne Stachelapparat mit großen Augen und guter Sehfähigkeit) für unbemannte Fluggeräte etablierte. In Deutschland scheint es im Zweiten Weltkrieg außer den Zielflugzeugen Fi 157 beziehungsweise Fi 158 sowie Ferngleitflugkörpern (z. B. BV 246) und der als V 1 (Vergeltungswaffe 1) bekannten deutschen Fernflugbombe Fieseler Fi 103 »Reichenberg«, keine erwähnenswerten unbemannten Fluggeräte gegeben zu haben.

Kaum anders war die Situation im übrigen Europa und in den USA. Dies änderte sich erst nach 1945. Gestützt auf erbeutete deutsche Projekte entstanden anfangs bei den Siegermächten des Zweiten Weltkrieges umfangreiche Drohnenprogramme. Heute gibt es keine moderne Armee, deren Arsenale nicht auch unbemannte Fluggeräte enthalten.

Ursprünglich als Zieldrohnen entworfen, bewährten sich unbemannte amerikanische Fluggeräte als Aufklärer beispielsweise über Kuba (1962)und im Vietnamkrieg (1960/65 – 1975) sowie auf israelischer Seite im Yom-Kippur-Krieg (1973) und im Libanonkonflikt (1982). Seit Beginn der 1990-er Jahre (Irak, Afghanistan) gab es kaum einen bewaffneten

Konflikt, in dem unbemannte Fluggeräte nicht zum Einsatz kamen. Sie haben die Luftkriegführung so grundlegend revolutioniert, wie das bemannte Flugzeug die »Spielregeln« der allgemeinen Kriegführung veränderte. Inzwischen entwickeln und produzieren zahlreiche Länder – und nicht nur die so genannten Großmächte – unbemannte Fluggeräte.

Es gehört nicht mehr ins Reich der Phantasie und ist keine Science-Fiction, dass ein Soldat sich morgens von seiner Familie verabschiedet, zu seinem Stützpunkt fährt, eine Drohne startet und zu einem tausende Kilometer entfernten Einsatzort leitet, dort Feindziele erkundet, beobachtet und bekämpft und nach Dienstschluss wieder in sein Auto steigt und nach Hause fährt...

Gab es anfangs keine allgemein anerkannte Definition für unbemannte Fluggeräte, so verdeutlichen die vielfältigen heutigen Bezeichnungen ihre immer effektiveren Einsatzmöglichkeiten. Verwendete man vor Jahren meist noch den Oberbegriff RPV (Remotely Piloted Vehicle = ferngesteuertes Fluggerät), so etablierten sich inzwischen Begriffe wie beispielsweise UAV (Unmanned Air Vehicle = unbemanntes Fluggerät) beziehungsweise Unmanned Aircraft System (hier steht »System« für das Gesamtsystem, nämlich die Drohne, die Bodenkontrollstation für Start und Landung sowie eine Leitstelle zur Führung und Überwachung des Fluges), UCAV (Unmanned Combat Air Vehicle = unbemanntes Kampf-Fluggerät), URAV (Unmanned Reconnaissance Aerial Vehicle = unbemannter Aufklärer), und TUAV (Tactical Unmanned Aerial Vehicle = unbemanntes taktisches Fluggerät). In der deutschen Wehr- und Verteidigungstechnik hat sich die Bezeichnung »Drohne« durchgesetzt.
Fast unbemerkt von der breiten Öffentlichkeit hat ein weltweiter Rüstungswettlauf um die stärkste Drohnenflotte begonnen. Ausgestattet mit sensibler Aufklärungselektronik und schlagkräftigen Präzisionswaffen. Ihnen gehört die Zukunft. In der Fertigung kostengünstig, leise und nur schwer zu entdecken, haben sie die Kriegführung revolutioniert. Sie patrouillieren vollautomatisch auf vorprogrammierten Kursen oder manuell ferngesteuert stunden-, tage- und wochenlang über gegnerischem Gebiet, melden Aufklärungsergebnisse in Echtzeit den Soldaten an vorderster Front und/oder den weitab gelegenen Leitstellen und Führungsstäben oder fliegen Kampfeinsätze gegen stationäre und bewegliche Ziele. Ihre Abmessungen reichen von nur wenigen Zentimetern bis zur Größe eines Verkehrsflugzeuges.

Raven RQ-11B, Einsatz im Irak. (Foto: Courtesy AeroVironment, Inc.)

Euro Hawk; Erstflug 29. Juni 2010. (Foto: Cassidian)

Auf den Reißbrettern der großen Rüstungskonzerne werden bereits Drohnen mit ausgeprägten Stealth-Eigenschaften (geringe Radarsignatur und Wärmeabstrahlung) entworfen, gebaut und erprobt.

Für moderne »große« Drohnen (beispielsweise Predator) wurde faktisch das Konzept des zweisitzigen bemannten Kampfflugzeuges übernommen: Vor dem Hintergrund des aktuellen Lagebildes steuert der »Pilot« aus seiner weit entfernten Bodenstation die Drohne mit einem Joystick, während der neben ihm sitzende Sensorbediener die an Bord der Drohne installierte Sensorik sowie die Bewaffnung steuert.

Weltweit steigt der Bedarf an schneller und gefahrloser Aufklärung aus der Luft, sei es in einem militärischen Konflikt, bei der Überwachung eines Waffenstillstandes, zum Grenz- und Küstenschutz oder im Katastrophenfall. Längst gelten langwierige Aufklärungsflüge als die typischen, für militärische Drohnen ideal geeigneten »stumpfsinnigen, schmutzigen und gefährlichen« Missionen. Bereits Ende 2011 trainierte die US Air Force mehr Piloten für Drohneneinsätze als für Kampfflieger.

Es ist kein Zufall, dass Kampfdrohnen häufig mit Raubvögeln verglichen werden, weil sie wie diese schier unermüdlich ruhig schwebend ihre Kreise ziehen, um im günstigsten Moment anzugreifen und vernichtend zuzuschlagen.

Psychologisch betrachtet, müssen Drohnen nicht unbedingt orten und zerstören. Schon bei ihrem Erscheinen fühlen sich Bodentruppen entdeckt und bedroht und sehen sich gezwungen, ständig neue Stellungen zu beziehen.

»Lächeln Sie, wenn Sie in den Himmel gucken«, sagte Avi Bleser. »Irgendwer schaut immer zu.« Bleser ist Direktor für Marketing und Verkauf bei Israel Aerospace Industries (IAI), der Firma, die seit Jahren die Welt mit Drohnen versorgt. Gelächelt haben Osama Bin Laden und Libyens Diktator Muammar al-Gadhafi und ihre Helfershelfer gewiss nicht, als sie sich unter dem von Drohnen »gesättigten« Himmel Afghanistans, Pakistans und Libyens nicht mehr aus ihren Verstecken wagten. Seit Mitte 2011 ist bekannt, dass US-Drohnen auch im Jemen, in Somalia, Äthiopien, auf den Seychellen und in Dschibuti eingesetzt werden. Dass israelische Drohnen mutmaßliche Extremisten im Gaza-Streifen beobachten und bekämpfen, ist seit längerem bekannt.

Natürlich versucht auch China in den Drohnenmarkt einzusteigen und präsentierte 2010 auf der Lufffahrtschau in Zhuhai 25 neue Modelle: Von der fliegenden Ente mit schlagenden Flügeln bis zur bedrohlichen Kampfdrohne.

Die Vielzahl nach dem Ende des Zweiten Weltkrieges entwickelten und gefertigten unbemannten Fluggeräte und -systeme würde den Umfang dieses Buches sprengen. Der Autor hat sich deshalb entschließen müssen, nur eine begrenzte Auswahl darzustellen.

Technologieträger X-47B. (Foto: Northrop Grumman)

A160T Hummingbird

Seit dieser Helikopter am 14./15. Mai 2008 mit einer Non-Stop-Flugdauer von 18 Stunden und 42 Minuten einen Weltrekord für Hubschrauber aufstellte, scheint seine Zukunft endgültig gesichert. US Army, US Navy und US Marine Corps sind an der Beschaffung interessiert.

Gemäß den Leistungsanforderungen der DARPA begann die Entwicklung des Hummingbird 1998. Geschaffen werden sollte ein vielseitig verwendbares UAS (Unmanned Air System), dessen Leistungsfähigkeit (Flug- und Flugdauer, Dienstgipfelhöhe, Reichweite, Kampf- und Nutzlast) konventionelle Hubschrauber weit übertreffen sollte. Anfangs mit Drei-Blatt-Rotor ausgestattet und von einem Dieselmotor angetrieben, bewährte sich dieses Konzept nicht. 2004 übernahmen Boeings Phantom Works das Projekt. In dieser Technologieschmiede von Grund auf überarbeitet, entschieden sich Boeings Techniker für die Gasturbine PW207D mit 410 kW (500 PS). Seitdem trägt der Hummingbird die Bezeichnung A160T (T = Turbine) und wird militärisch als YMQ-18 Warrior geführt.

Um die von DARPA geforderten Tarnkappen-Eigenschaften (Stealth) erfüllen zu können, wurde der Rumpf ungewöhnlich schmal konzipiert und ausschließlich aus Verbundwerkstoffen gefertigt. Das Fahrwerk ist einziehbar und der Rumpf mit radarabsorbierendem Material beschichtet.

Dank DARPAs Forester-IR-Radarsystem erkennt der A160T Personen und Fahrzeuge auch in dicht belaubtem Gelände.

Der A160T ist 13 m lang, hat 11 m Rotordurchmesser und ist fast 3 m hoch. Seine Höchststartmasse wird mit 2948 kg und die Zuladung mit maximal rund 800 kg angegeben. Er erreicht 263 km/h Höchstgeschwindigkeit, fast 9100 m Schwebeflughöhe (ohne Bodeneffekt). Als Reichweite nennt Boeing 4050 km und rund 20 Stunden Einsatzdauer.

A160T Hummingbird mit Forester-IR-Radarsystem. (Foto: Copyright Boeing)

Aerostar

Israel Aeronautics hat frühzeitig die Zeichen der Zeit erkannt und fertigt und vertreibt hochmoderne Drohnen. Zu den Produkt-Highlights zählt Aerostar. Der Schulterdecker wird von einem 28 kW (38 PS) leistenden Zanzottera-Zweitakt-Boxermotor 498i mit Kraftstoffeinspritzung und Druck-Luftschraube angetrieben. Wahlweise ausgestattet mit elektro-optischen und/oder IR-Kameras, hochauflösendem Bodenradar mit Seitensicht-Betriebsart und anderen hochmodernen Geräten, ortet, sammelt und überträgt dieser unbemannte taktische Aufklärer wichtige Informationen in Echtzeit bis zu einer Reichweite von rund 200 Kilometer, was eine hohe Eindringtiefe ermöglicht. Neben Aufklärung umfasst das Einsatzspektrum unter anderem Artilleriefeuerleitung, Gefechtsfeld- und Grenzüberwachung. Mit Hilfe von GPS/TNS-Daten setzt ein »Pilot« aus einer Bodenkontrollstation den Kurs.

Aeronautics bietet seinen Aerostar-Kunden maßgeschneiderte Ausrüstung, kurze Fertigungszeiten und präzise System-Integration. Der Betrieb des vielseitig verwendbaren Aerostar-Systems ist kostengünstig. Innerhalb kürzester Zeit einsatzbereit, ist die Bedienung einfach.

Mit der Bodenkontrollstation ist Aerostar mit einer fortschrittlichen Mehrkanal-Datenverbindung verbunden, und zwar über bord- und bodengestützte Richtantennen.

Aerostar ist 4,50 m lang und 1,30 m hoch. Die Spannweite beträgt 7,50 m und die Spurweite des Fahrwerks 1,50 m.

Bei 100 kg Leermasse und 220 kg Höchststartmasse, beträgt die Nutzlast maximal 50 kg.

Aerostar erreicht 203 km/h Höchst- und 114 km/h Marschgeschwindigkeit. Seine Patrouillengeschwindigkeit beträgt 111 km/h, die Flugdauer bis zu zwölf Stunden und die Dienstgipfelhöhe maximal 5486 m. Als Startrollstrecke benötigt Aerostar 300 m.

Aerostar (Foto: Aeronautics Ltd.)

ALADIN

Zu den führenden europäischen Herstellern taktischer Mini-Drohnen zählt die in Bayern ansässige EMT Ingenieurgesellschaft. Einer ihrer Verkaufsschlager ist ALADIN. Dieser Name verweist nicht auf das Märchen »Aladdins Wunderlampe«, sondern steht für »Abbildende Luftgestützte Aufklärungsdrohne im Nächstbereich«. Der deutschen Bundeswehr dient das Mini-Drohnensystem ALADIN für Ziel-, Wirkungs- und Lageaufklärung bei Tag und Nacht. Aufklärungserkenntnisse werden in

Oben: *Innerhalb von fünf Minuten einsatzbereit. (Foto: Bundeswehr/Mediendatenbank)*

Rechts: Bodenkontrollstation (Foto: Bundeswehr/Mediendatenbank)

Echtzeit geliefert, sodass die militärische Führung unverzüglich auf Bedrohungen reagieren kann.
Zerlegt in einem Behälter (62 x 22 x 47 cm) transportiert, ist ALADIN in wenigen Minuten einsatzbereit. Pistenunabhängig, wird die Kleindrohne von Hand oder per Bungee-Seil gestartet. Die Flugführung erfolgt über vorprogrammierte 3D Wegpunkte oder Flugprogramme. Mittels Eingabe oder Änderung von Wegpunkten, nach Videobild oder optional mit Joystick, ist auch eine manuelle Führung möglich. Die Bodenkontrollstation besteht aus einem gehärteten Bediengerät und einer Bodenstation mit Richtfunkantenne und wiegt nur 17 kg.
Während des Fluges sendet ALDADIN Videobilder von Räumen, Orten, Ortsteilen, Objekten und Aktivitäten in Echtzeit. Zur Tageslichtaufklärung dienen vier Farbvideo CCD Kameras (eine zur Pilotensicht, je eine abwärtsblickende Tele- und Weitwinkelkamera, eine in Flugrichtung nach links unten gerichtet). Hinzu kommen eine schräg nach vorne blickende hochauflösende digitale Foto-Zoomkamera sowie zwei Tageslicht Videokameras. Zur Nachtaufklärung ist eine schräg nach vorne blickende IR-Videokamera sowie eine Farbvideo CCD Kamera installiert. Die Bildstabilisierung erfolgt digital.
Bei einer Flugdauer von einer Stunde beträgt der Einsatzradius maximal 15 km, sodass eine Fläche von 30 km aufgeklärt werden kann. ALADIN kann auch über einem Gebiet kreisen und ein Zielobjekt kontinuierlich boobachten. Zum Senden nutzt ALADIN das UHF-Band, zum Empfang das C-Band.
Zum ausgewählten Landeplatz zurückgekehrt, landet ALADIN vollautomatisch punktgenau und ist wieder verwendbar. Zur Bedienung sind keine fliegerischen Kenntnisse erforderlich. Dank niedrigen Signaturen (Verbundwerkstoff-Struktur, kleine Abmessungen, bürstenloser Gleichstrommotor 12 Volt) ist ALADIN vom Gegner kaum erfassbar.

ALADIN ist 1,53 m lang und 0,36 m hoch, hat 1,46 m Spannweite, und ein Abfluggewicht von maximal 4 kg. Als Antrieb dient ein Zweiblattpropeller. Abhängig von Windgeschwindigkeiten und anderen Umwelteinflüssen operiert ALADIN meist 30 – 300 m über Grund mit Geschwindigkeiten von 45 – 90 km/h.

Start von Hand.
(Foto: EMT Ingenieurgesellschaft)

ASIO

Zum italienischen Konzern Finmeccanica gehörend, fertigt SELEX Galileo in erster Linie Avionik- und Radargeräte für Fluggeräte. Entstanden ist SELEX Galileo zwischen 2005 und 2009 durch Fusionierung mehrerer britischen und italienischen Unternehmen und zählt zu den führenden Herstellern von Mini-Flugrobotern. Verstärkt wurde diese Position, als SELEX Galileo Anfang 2011 die italienische »Technologieschmiede« für unbemannte Flugsysteme UTRI (Unmanned Technologies Research Institute) übernahm.
Eines der erfolgreichsten Produkte ist ASIO. Angetrieben von einem Elektromotor, operiert diese Mini-Drohne pistenunabhängig. Senkrecht startend und landend, ist ASIO ideal geeignet für den Einsatz in zerklüftetem, gebirgigem Gelände sowie im Häuserkampf in bewohnten Gebieten – was befindet sich hinter dem nächsten Berg, der nächsten Straßenecke? Die bordgestützten Sensoren und Kameras (max. Nutzlast 1,5 kg) sind kardanisch aufgehängt und haben – abhängig vom verwendeten System – ein Blickfeld von 36 beziehungsweise 46 Grad. ASIO liefert Aufklärungserkenntnisse in Echtzeit und schaltet – sobald sich die Lichtverhältnisse verschlechtern – automatisch von Tag- auf Nachtbetrieb. Die Bildstabilisierung erfolgt digital.
Zusammen mit Bodenkontrollstation und Antenne in einem Rucksack verpackt, wiegt das komplette System 20 kg. Von einem Soldaten leicht zu transportieren, ist ASIO in weniger als fünf Minuten einsatzbereit. Die Flugführung erfolgt manuell oder halbautomatisch über vorprogrammierte Wegpunkte.
Einem Hubschrauber ähnlich, lauert ASIO rund 30 Minuten beobachtend über dem Gefechtsfeld. Seine Datenverbindung hat eine Reichweite von 10 km, was den Einsatzradius auf das nahe Umfeld begrenzt. ASIO hat 48 cm Durchmesser, ist 75 cm hoch und hat eine Höchststartmasse von 6 kg.

Großes Bild: Das komplette System ASIO: Fluggerät, Bodenkontrollstation und Antenne. Kleines Bild: ASIO im Flug.(beide Fotos: SELEX Galileo)

Atlante

Cassidian Air Systems fertigt das taktische Flugsystem Atlante.Gemäß den Anforderungen des spanischen Verteidigungsministeriums von Cassidian als Generalauftragnehmer in Spanien entwickelt wird Atlante vom spanischen Heer für die Zielidentifizierung, Artilleriefeuerlenkung, Schadensermittlung und ISTAR-Missionen eingesetzt.
Tag und Nacht einsatzfähig, operiert die Drohne in einer Dienstgipfelhöhe von bis zu 6100 m. Bei einer Flugdauer von bis zu 24 Stunden und einer Reichweite von rund 400 km, überwacht sie ein großes Gebiet.
Dank bordeigenem ATOL (automatisches Start- und Landesystem) und Radfahrwerk operiert Atlante vollautomatisch von unbefestigten Pisten, kann aber auch von einem Katapult gestartet werden und landet per Fallschirm.
Auch wenn die Kommunikation zwischen Drohne und Bodenkontrollstation gestört wird, bricht die Drohne ihren Einsatz automatisch ab und schwebt am Fallschirm zu Boden.
Das Atlante-System besteht aus vier oder mehr Fahrzeugen, einer Bodenkontrollstation, einem Boden-Datenterminal, je einer Transport-, Start- und Bergungseinrichtung sowie einem eigenständigen Videoterminal sowie einer Wartungseinrichtung. Atlante liefert Aufklärungsergebnisse in Echtzeit und ist mit elektro-optischen und Infrarot-Kamerasystemen sowie einem Laser-Zielsucher und –markierer ausgestattet. GPS-gestützt erfolgt die Führung vollautomatisch auf vorprogrammierten Flugprofilen oder manuell durch den »Piloten«.
Die Drohne ist 4,60 m lang, 1,26 m hoch und hat eine Spannweite von 8 m. Bei einer maximalen Zuladung (Nutzlast) von 100 kg hat das Fluggerät eine Höchststartmasse von 520 kg.

Atlante im Flug. (Foto: Cassidian)

Barracuda

Barracuda: Treffender hätte man diese Kampfdrohne nicht nennen können. Erinnert ihr langgestreckter Rumpf doch allzu sehr an diesen räuberischen Pfeilhecht.
Ziel dieses deutsch-spanischen Gemeinschaftsprojektes ist – unter Federführung von Cassidian Air Systems – ein unbemannter Technologiedemonstrator für die Entwicklung zukünftiger agiler, autonomer und netzwerkfähiger UAV-Systeme. Eine Drohne also, die neben defensiven Aufgaben wie Aufklärung und Überwachung, auch Kampfaufträge erfüllen kann.
Durch den Absturz des ersten Versuchsträgers wegen eines Softwarefehlers beim zweiten Testflug am 23. September 2006, geriet der Zeitplan völlig durcheinander. Es dauerte zwei Jahre, bis das Projekt »wiederbelebt« und ein zweiter Demonstrator (Barracuda II; Erstflug 10. Juli 2009) gebaut und die Test- und Erprobungsflüge erneut aufgenommen und erfolgreich weiter geführt werden konnten. Ob und wann Barracuda von Deutschland und/oder Spanien beschafft und verwendet werden wird, war Ende 2011 noch ungewiss. Mit an Sicherheit grenzender Wahrscheinlichkeit wird Cassidian sich bei Barracuda nicht auf die Aufklärer- und Überwachungsrolle beschränken und den Absatzmarkt für Kampfdrohnen nicht freiwillig der Konkurrenz überlassen. Immerhin steht Barracuda mit rund 40 Mio. Euro Entwicklungskosten in den Büchern.
Im Rahmen der seit 2009 laufenden Testkampagne kann Barracuda im zwei Meter langen Ausrüstungsschacht dank einer offenen und modularen Avionikstruktur zahlreiche Sensoren mitführen. Beispielsweise elektro-optische und IR-Kamerasysteme, Laser-Zielmarkierer für Einsätze bei Tag und Nacht und jeder Witterung, Detektoren zur Ortung radio-magnetischer Strahler sowie ein hochmodernes Radar mit synthetischer Strahlöffnung. Flugführung und Rollmanöver am Boden erfolgen autonom entlang programmierten Flug- und Taxiprofilen.

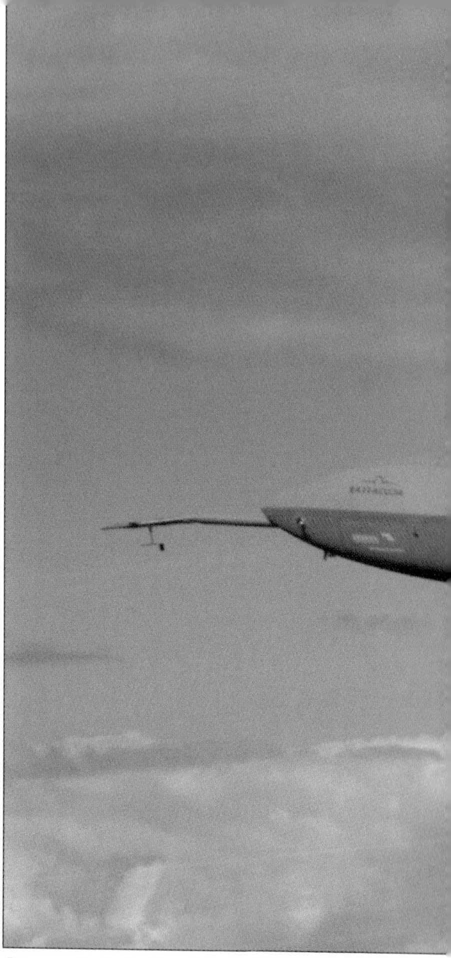

Barracuda II. Erstflug 10. Juli 2009. (Foto: Cassidian)

Ein wichtiges Merkmal ist die dreifach ausgelegte (triplex) Flugsteuerungsanlage mit elektronischen Signalen (Fly by Wire). Als »elektrisches Fluggerät« konzipiert, wird nur das Fahrwerk hydraulisch betätigt und gesteuert, während für alle übrigen Bordsysteme elektrische Stellmotoren verwendet werden.
Der Barracuda ist aus Kohlefaser-Verbundwerkstoffen gefertigt, fliegt völlig autonom auf vorprogrammierten Flugprofilen.
Barracuda ist 8,25 m lang, hat 7,22 m Spannweite und wird von einem Strahltriebwerk Pratt & Whitney Canada JT15D-5C mit einer Schub-

Barracuda II. 10. Juli 2009: Vorbereitungen zum Jungfernflug des zweiten Versuchsträgers. (Foto: Cassidian)

leistung von 14 kN angetrieben. Angeblich erreicht er rund 900 km/h Höchstgeschwindigkeit und 6000 m Dienstgipfelhöhe. Die »geschätzten« Masseangaben nennen 3050 kg Höchststartmasse, 2260 kg Leermasse, 250 kg Nutzlast (Missionszuladung), 540 kg Kraftstoff.

Bat

Bis zu 15 Stunden in niedrigen und mittleren Höhen operierend, erinnert diese nach dem Nurflügelkonzept konstruierte Drohne an eine fliegende Fledermaus (Bat = Englisch »Fledermaus«) und vermutlich haben ihre Konstrukteure bei der Namensgebung auch an den Comic-Helden Batman (Fledermausmann) gedacht.
Bat, vormals als KillerBee bekannt, wurde bis Ende 2007 von Northrop Grumman und Swift Engineering gemeinsam entwickelt und basiert auf Forderungen von US Air Force, US Marine Corps, US Navy und dem US Department of Homeland Security (Heimatschutzministerium). In der Geschichte der unbemannten Fluggeräte ist es vermutlich einzigartig, dass ein Rennwagenbauer wie Swift Engineering, an der Konstruktion eines Drohnensystems beteiligt wird. Der Erstflug glückte im Januar 2010.
Von einem mobilen Schienenstarter in die Luft katapultiert, kann Bat dank ihrer Flugdauer von angeblich 12 bis 24 Stunden zwecks Nachrichtengewinnung, Überwachung und Aufklärung über einem großen Gebiet operieren. Nach beendeter Mission wird die Drohne durch mobile Bergenetze automatisch »eingefangen« und ist dank ihrer robusten Konstruktion meistens wiederverwendbar. Ein verhältnismäßig großer Ausrüstungsschacht bietet Raum für moderne Sensoren, wie zum Beispiel elektro-optische und IR-Kamerasysteme, SAR/MTI (Bodenradar mit Seitensicht-Betriebsart und Bewegtzielentdeckung bzw. -anzeige), Signal-, Fernmelde- und Funkaufklärung, Laser-E-Messer und -Zielbeleuchter, FmSysteme, chemische und biologische Ortungssysteme sowie Täuschkörperwerfer. Aufklärungsergebnisse werden über eine satellitengestützte Datenverbindung in Echtzeit an die Bodenkontrollstation gesendet.
Bat ist 1,90 m lang und wird in zwei Varianten gefertigt (Bat-10 und Bat-12), die sich im Wesentlichen nur durch unterschiedliche Spannweiten (Bat-10 mit 10 Fuß = 3,04 m: Bat-12 mit 12 Fuß = 3,65 m) und den Antrieb der heckmontierten Fünfblatt-Druck-Luftschraube unterscheiden. So wird beispielsweise die Bat-12 (Spannweite 12 Fuß = 3,65 m) von einem ursprünglich für Kleinstflugzeuge entwickelten Triebwerk der deutschen Göbler Hirthmotoren KG, Benningen, angetrieben. Kombiniert mit einem starken Permanentmagnetgenerator ergeben die leichten Hirth Flugmotoren ein kompak-

Ansichten der Drohne. (Foto: Northrop Grumman)

Bat einsatzbereit auf dem Schienenstarter. (Foto: Northrop Grumman)

tes, leistungsfähiges Antriebssystem, das sich auch mit Brennstoffen wir JP5, JP8 oder Diesel betreiben lässt. Bat hat eine Höchststartmasse von fast 100 kg und erreicht rund 200 km/h Höchstgeschwindigkeit. Die Dienstgipfelhöhe wird mit 4600 m angegeben.

Der aerodynamisch günstig gestaltete Rumpf ermöglicht geringen Luftwiderstand und Brennstoffverbrauch, während die Lärmsignatur der Druck-Luftschraube schwach ist und eine Ortung der Drohne durch den Gegner sehr erschwert.

Gefertigt aus Kohlefaser- und glasfaserverstärkten Verbundwerkstoffen, hat sich die Bat-Konstruktion als außerordentlich robust bewährt. Bugmontierte Haken erleichtern die »Landung« in konventionellen Fangnetzen. Das System »Bat« wird von zwei Personen bedient und besteht aus der Drohne, einem mobilen Schienenstarter und der Bodenkontrollstation sowie Rückhol- und Kommunikationsausrüstung. Zum Transport von Personal und Ausrüstung genügen zwei geländegängige Fahrzeuge.

Bat im Fangnetz. (Foto: Northrop Grumman)

BirdEye 650: Startklar (Reprinted with permission of Israel Aerospace Industries Ltd. All rights reserved.)

BirdEye 400 & 650

Israel Aerospace Industries (IAI) erkannte die Zeichen einer neuen Zeit frühzeitig und widmet sich militärischen Flugrobotern. Zu IAIs fortschrittlichsten Drohnen gehören BirdEye 400 und BirdEye 650. Diese Mini-Drohnen erlauben den unmittelbar am Gegner operierenden Truppen den Blick hinter den nächsten Häuserblock oder Hügel und liefern aktuelle Lagebilder.

BirdEye 400: Start per Bungee-Seil (Reprinted with permission of Israel Aerospace Industries Ltd. All rights reserved.)

Damit die unter dem Rumpf montierten Sensoren unbeschädigt bleiben, dreht sich BirdEye 400 während der Landephase auf den Rücken, während BirdEye 650 am Fallschirm zu Boden schwebt.

BirdEye 400 wird von Hand oder per Bungee-Seil gestartet, während BirdEye 650 per Bungee-Seil oder von einem Mini-Katapult in die Luft geschleudert wird.

Das BirdEye-System umfasst bis zu drei Drohnen, eine tragbare Bodenkontrollstation sowie eine satellitengestützte Datenverbindung. BirdEye startet und landet autonom bei Tag und Nacht. Die Führung geschieht vollautomatisch oder manuell. Wird die Verbindung zur Bodenkontrollstation unterbrochen, landet BirdEye automatisch. Klein (0,80 m lang, Spannweite 2,20 m) und dank leisem Elektromotor, sind die BirdEye nur schwer zu orten.

BirdEye 400 erreicht 83 km/h Höchstgeschwindigkeit und patrouilliert mit 59 - 74 km/h. Bei einer Flugdauer von einer Stunde beträgt die Reichweite 10 km, die Dienstgipfelhöhe 300 m. Bei 5,6 kg Höchststartmasse kann BirdEye 400 1,2 kg Nutzlast mitführen.

Die leistungsgesteigerte und größere BirdEye 650 (Spannweite 3 m) erfüllt typische ISTAR-Aufgaben, bleibt drei Stunden in der Luft und hat 20 km Reichweite. Bei 11 kg Höchststartmasse, operiert BirdEye 650 in Höhen bis 455 m mit 74 km/h Patrouillen- und 120 km/h Höchstgeschwindigkeit.

CAMCOPTER S-100

Mitte der 1990-er Jahre begann bei der in Wien beheimateten Schiebel Elektronische Geräte GmbH die Entwicklung eines einzigartigen Drohnensystems. Sein Kernstück ist ein kompakter, für Seeraumüberwachungsaufgaben besonders geeigneter, autonom operierender Drehflügler.
Präzise Navigation und Stabilität über Wegpunkte sind durch INS- und GPS-Module garantiert und Flugrichtungseingaben jederzeit möglich. Einsatzplanung und –steuerung erfolgt per Mausklick auf einer grafischen Benutzeroberfläche. Von den Kameras (stabilisierte Tageslicht- und/oder IR-Kameras), einem Laser-E-Messer sowie einer hochauflösenden Farbvideokamera erfasste Bilddaten werden der Bodenstation in Echtzeit übermittelt.
Dank zwei Nutzlastbuchten und seitlichen Montagepunkten, kann der S-100 zur Erfüllung individueller Benutzeranforderungen mit zusätzlicher Elektronik wie beispielsweise IFF (Freund/Feind-Kennung), ACAS (Kollisionswarngerät) oder anderen Instrumenten ausgerüstet werden. Entsprechend modifiziert, könnte der S-100 auch als Plattform für Luft-Boden-Flugkörper dienen.
Einsatzplanung und –vorbereitung erfolgt mittels GIS-Daten (Geographical Information System), für detaillierteren Überblick über die aktuelle Lage können zusätzliche GIS-Daten (Gefahrenzonen, Flugverbote, Aufklärungsinformationen) überlagert werden.
Mit seinem 50 PS Wankelmotor erreicht der S-100 220 km/h Höchst- und als Marschgeschwindigkeit 102 km/h. Die Nutzlast beträgt 50 kg, die Startmasse 200 kg, das Leergewicht 110 kg. Die Tracking-Antenne der Bodenkontrollstation reicht bis 80 beziehungsweise 180 km. Als Maximalabmessungen nennt Schiebel 3,11 m Länge, 1,12 m Höhe, 1,24 m Breite und als Hauptrotordurchmesser 3,40 m.

Seegestützt operiert der S-100 sogar von kleinsten Schiffen. (beide Fotos: Schiebel)

Desert Hawk III

Desert Hawk III, Bodenkontrollstation. (Foto: Lockheed Martin Aeronautics Company)

1996 beteiligte sich Lockheeds Entwicklungsabteilung »Skunk Works« an einem DARPA-Projekt zur für ein Micro-Fluggerät mit maximal 15 cm Spannweite. Gestützt auf diese Erfahrungen, entstand schließlich das größere Aufklärungssystem Desert Hawk. Von USAF und Großbritannien beschafft, hat sich der »Wüstenfalke« in Afghanistan und im Irak bewährt. Von zwei Personen leicht zu transportieren, erfüllt Desert Hawk die Forderungen der vordersten Front nach aktuellen Informationen.

Im Wesentlichen aus Polypropylenschaum gefertigt, operiert die Drohne pistenunabhängig. Mit einem rund 100 m langen, gespannten Bungee-Seil von zwei Personen gestartet, erfolgt die Führung vollautomatisch und GPS-gestützt, wobei manuelle Eingriffe möglich sind. Die Landung ist schwierig und erfordert einige Übung, weil Desert Hawk an Bug und Heck mit Kevlar-Kufen ausgestattet ist und eine Bauchlandung vollführt.

Die jüngste Version »Desert Hawk III« zeichnet sich durch größere Reichweite und längere Flugdauer aus. Klein und dank geringer Lärmsignatur kaum erfassbar, ist sie bei Tag und Nacht einsetzbar. Ihre rundum schwenkbare Sensorplattform für Laser-Zielbeleuchter und hochauflösendem Bodenradar mit Seitensicht-Betriebsart sowie Farb- und Restlichtkameras ist kreiselstabilisiert, während die IR-Sensoren um die Rollachse stabilisiert wurden. Der elektro-optische Sensor wandelt Lichtstrahlen in elektronische Signale, Echtzeitdaten und Videos. Im Mai 2009 wurde Desert Hawk III mit einem modernen SIGINT-System nachgerüstet.

Nur 91 cm lang, hat Desert Hawk III 137 cm Spannweite, 3 kg Leergewicht und 1 kg Nutzlast, 92 km/h Höchstgeschwindigkeit und bei 90 Minuten Flugdauer 15 km Reichweite.

Desert Hawk III im Flug. (Foto: Lockheed Martin Aeronautics Company)

Dominator

Für die israelischen Streitkräfte konstruiert, basiert das Dominator-System auf zweimotorigen Leichtflugzeug Diamond DA42 Twin Star.
Bis zu 28 Stunden in Flughöhen von rund 9100 m operierend, überwacht Dominator große Gebiete und leitet Aufklärungsdaten über satellitengestützte Fernmeldeleitungen an die Bodenkontrollstation. Da die Drohne auf der herkömmlichen Struktur der DA42 Die Viertakt-Dieselmotoren Centurion 2.0 mit digitaler Triebwerksteuerung leisten je 100 kW und treiben Dreiblatt-Luftschrauben an. Als Treibstoff kann sowohl Kerosin als auch Diesel verwendet werden. Eine satellitengestützte Antenne wurde auf dem Rumpfrücken installiert. Dominator besitzt ein Standard-Enteisungssystem, IFF (Freund-Feind-Kennung), moderne Avionik, ein selbsttätiges Überwachungssystem, IR-Kamera, eine hochauflösende Taglicht-Kamera sowie ein automatisches Flugregler- und Bremssystem. Im Bug sind Kameras zur Gefechtsfeldüberwachung installiert. Außerdem verfügt Dominator über Bodenradar mit Seitensicht-Betriebsart, Laser-E-Messer sowie SIGINT/COMINT-Systeme.
Die Datenverbindung zwischen Bodenkontrollstation und Dominator hat bis zu 300 km Reichweite.
Dominator wird vollautomatisch oder manuell geführt. Wird die Verbindung zwischen Drohne und Bodenkontrollstation unterbrochen, bricht Dominator den Einsatz ab und landet.
Im Juli 2010 wurde in Farnborough bekannt, dass Boeing künftig die Dominator vermarkten wird. Flugtests hatten bereits am 23. Juli 2009 begonnen.
Dominator ist 8,60 m lang, hat 13,50 m Spannweite und ist 2,50 m hoch. Ihre maximale Startmasse beträgt 1785 kg, die Höchstgeschwindigkeit 354 km/h bei einer Reichweite von 300 km.

Strategische Drohne Dominator im Flug. (Foto: Aeronautics Ltd.)

Dragon Eye

1971 von dem Physiker, Ingenieur und Segelflieger Paul McCready gegründet, ist die in Kalifornien beheimatete AeroVironment, Inc. (auch als »Avinc« bekannt) nach großen Erfolgen mit Muskel- und Sonnenkraft betriebenen Fluggeräten seit über zwei Jahrzehnten für ihre unbemannten Fluggeräte berühmt.

Gemäß einem Forderungskatalog des USMC entwickelte AeroVironment (Avinc) den Aufklärer Dragon Eye. Nach erfolgreichem Erstflug wurde Dragon Eye als »fliegendes Auge« des USMC 2003 in Dienst gestellt.

Dragon Eye wird handgestartet oder mittels Bungee-Seil in die Luft katapultiert. Die Konstruktion besteht im Wesentlichen aus glasfaserverstärktem Kunststoff und Kevlar. Mit 1,15 m Spannweite und nur 2,2 kg schwer, lässt sich Dragon Eye zerlegt und mit dem Bodenkontrollgerät im Rucksack transportieren.

Zwei Personen können Dragon Eye in rund zehn Minuten montieren und startklar machen.

Das Kontrollgerät besteht aus Gamepad mit Monitor, Laptop, Sender und Videobrille. Dragon Eye liefert Videobilder im Umkreis von rund zehn Kilometern.

Angetrieben von zwei in den Flügeln montierten batteriebetriebenen Elektromotoren steigt Dragon Eye auf 90 – 150 m, erreicht 65 km/h Höchstgeschwindigkeit und 30 – 60 Minuten Flugdauer.

Dragon Eye wird automatisch auf vorprogrammierten Flugprofilen über GPS-Wegpunkte geführt; manuelle Eingriffe sind möglich. Geräuscharm und klein, operiert die Drohne unbemerkt und ist das ideale Aufklärungsgerät für die vorderste Front.

Ihre drei buginstallierten Kameras sind austauschbar: Eine Restlicht-TV-Kamera sowie je eine normale Tageslicht- und IR-Kamera.

Dragon Eye ist preiswert und Verluste leicht zu ersetzen.

Dragon Eye (Foto: Courtesy AeroVironment, Inc.)

Euro Hawk

Mit dem Euro Hawk (RQ-4E) beschafft die Bundeswehr eine Variante der Global Hawk RQ-4B (Block 20) und stößt mit diesem System in eine neue Aufklärungsdimension vor. Aus Höhen von bis zu 20000 m erfasst Euro Hawk Bodensignale, spürt wie ein Flugkörper- und Radarstellungen auf und kann Radio- und TV-Sendungen mitschneiden, Funk und Telefonate abhören und SMS mitlesen. Bei 30 Stunden Flugdauer legt Euro Hawk über 20000 km zurück. Zu Euro Hawks herausragenden Merkmalen gehören die automatische Signalanalyse und -klassifizierung, Echtzeit-Lageanzeige sowie die Integrierbarkeit in C4I-Netzwerke (Führung, Kontrolle, Kommunikation, Computer und Aufklärung). Erfasste Daten können an Bord gespeichert oder in Echtzeit an die Bodenstation übertragen werden.
Am 21. Juli 2011 landete der erste Euro Hawk in Manching, wo EADS bei WTD 61 (Wehrtechnische Dienststelle für Luftfahrzeuge) das Missionssystem zur Signalaufklärung ISIS zur vollautomatischen Erfassung und Auswertung von Signalen einrüstet. Für den Überführungsflug von Edwards AFB (Kalifornien) nach Deutschland benötigte Euro Hawk 22 Stunden und 16 Minuten.
Das Euro-Hawk-System besteht aus einem Luftfahrzeug, der Aufklärungskomponente ISIS sowie einer Bodenkontrollstation mit mehreren Komponenten. Bei einer Länge von 14,50 m hat das Luftfahrzeug fast 40 m Spannweite.
Im Herbst 2011 war geplant, das Euro-Hawk-System 2012 an das Aufklärungsgeschwader AG 51 und das KSA (Kommando Strategische Aufklärung) auszuliefern. Sofern die Tests zufriedenstellend verlaufen und es die finanziellen Mittel erlauben, werden zwischen 2015 und 2017 vier weitere Systeme den deutschen Forderungen angepasst und ausgeliefert.

29. Juni 2010: Landung nach erfolgreichem Erstflug von Palmdale zur Edwards AFB. (Foto: Cassidian)

Falco & Falco EVO

Zu den Produkten von SELEX Galileo gehört das aus vier Drohnen und einer Bodenkontrollstation sowie den Missionszuladungen bestehende Falco-System.
Für taktische Aufgaben in mittleren Flughöhen konzipiert, entspricht Falco dem neuesten Stadt der Technik.
Obwohl für Kampfeinsätze geeignet, ist Falcos Missionszuladung primär – noch -- auf Überwachung, Zielortung und –klassifizierung bei Tag und Nacht ausgerichtet. Als Nutzlasten können unter anderem installiert werden: IR-Geräte, farbtüchtige TV-Kameras, Laser-Zielbeobachter, ein Hyperspektralsensor zur Fernaufklärung sowie Täuschkörperwerfer zum Selbstschutz.
Dank idealen Kurzstarteigenschaften benötigt die Drohne nur eine unbefestigte, kurze Piste, kann aber auch mit einer Art Bungee-Seil gestartet werden. Sind Drohne und/oder ihre Nutzlast gefährdet, kann das Fluggerät per Fallschirm sicher landen. Falco wird automatisch auf vorprogrammierten Flugprofilen über GPS-Wegpunkte geführt, wobei das Flugprogramm manuell geändert werden kann. Die

Bodenkontrollstation (Foto: SELEX Galileo)

Datenbrücke hat über 200 km Reichweite und ist gegen Störmaßnahmen geschützt. Die Datenübermittlung erfolgt in Echtzeit.
Die Drohne ist 5,25 m lang, hat 7,20 m Spannweite, ist 1,80 m hoch, kann 70 kg Nutzlast mitführen und hat 420 kg Höchststartmasse. Sie erreicht eine Einsatzdauer von 8 bis 14 Flugstunden, 5000 m Dienstgipfelhöhe, 360 km/h Höchstgeschwindigkeit.
Auf der 49. Paris Air Airshow 2011 enthüllte SELEX Galileo die Falco EVO. Äußerlich unterscheidet sie sich von ihrer Vorgängerin durch eine größere Spannweite (12,50 m). Größere Flügel verlängern die Flugdauer (max. 18 Stunden) und ermöglichen 100 kg Nutzlast; Höchststartmasse 650 kg).

Falco EVO (Foto: SELEX Galileo)

Fancopter

»Die richtige Lösung für Allwetteraufklärung und Überwachung rund um die Uhr«, so bewirbt EMT ihr Mikro-Drohnensystem Fancopter. Speziell für Einsätze im urbanen Umfeld entwickelt, ist dieses Aufklärungssystem von einer Person leicht zu transportieren, zu montieren und zu betreiben. Das Fluggerät vereint hohe Nutzlastfähigkeit bei minimalen Abmessungen.
In einem Einsatzradius von mehr als 1000 m können Video-Bilder in Echtzeit übertragen werden. Hohe Funkverbindungsqualität ermöglicht den Einsatz außerhalb direkter Sicht und innerhalb von Gebäuden. Das Fluggerät kann auch an einem strategisch wichtigen Punkt positioniert werden, um von dort mittels Schwenkkamera Bilder und Ton zu übertragen. In der Bodenkontrollstation digital aufbereitet und gespeichert, können Bilder und Daten an weitere Nutzer übermittelt werden.
Aus »intelligenten« Komponenten zusammengesetzt, die über einheitliche Schnittstellen miteinander kommunizieren, kann das modulare System zukünftigen Bedrohungen angepasst werden. Als Nutzlast installierbar sind diverse Kameras oder wahlweise chemische Sensoren, Radioaktivitätssensoren, Mikrofone.
Die Bedienung erfolgt über Richtungskommandos. Der »Pilot« steuert den Fancopter wie ein ferngesteuertes Auge. Dabei Lagestabilisierung, Drift- und Windkompensation sowie autonome Positionshaltung übernimmt ein digitaler Autopilot. Fancopter startet und landet automatisch. Gestützt auf Wegpunkte sind auch vollautomatische Flüge möglich.
Mit 73 cm Durchmesser ist Fancopter 44 cm hoch und wiegt 1,5 kg. Die Flugdauer beträgt etwa 25 Minuten. Bei stationärem Betrieb drei Stunden Beobachtungsdauer möglich.

Fancopter, Einsatz in urbaner Umgebung. (Foto: EMT Ingenieurgesellschaft)

Firebird

Mit der Firebird bietet Northrop Grumman ein Spionageflugzeug, das sowohl bemannt als auch als Flugroboter eingesetzt werden kann. Gebaut wurde Firebird bei Scaled Composites. 1982 gegründet, ist dieses Unternehmen für seine unkonventionellen Flugzeugtypen bekannt. Firebird ist in die MALE-Klasse (mittlere Flughöhe, lange Einsatzdauer) einzuordnen. In einem Nutzlastraum kann Firebird drei bis vier Sensoren sowie je eine Video- und IR-Kamera, Bodenradar mit Seitensicht-Betriebsart und ein SIGINT-System mitführen. Die zentrale Avionik wurde so gestaltet, dass alle diese Sensoren und Systeme gleichzeitig nutzbar sind. Folglich kann Firebird im Einsatz mehrere Aufgaben gleichzeitig erfüllen.
Ausgestattet mit einem Kolbenmotor Lycoming TEO-540, erreicht Firebird – angetrieben von einer heckmontierten Druck-Luftschraube – rund 9100 m Flughöhe. Sie kann bis zu 40 Stunden in der Luft bleiben und soll – bei rund 2270 kg Gewicht – 370 km/h Höchstgeschwindigkeit erreichen. Bei einer Spannweite von knapp 20 m, ist Firebird rund 10 m lang und 3 m hoch.
Firebird ist nicht nur für militärische Aufgaben konzipiert, sondern kann auch »zivil« bei Naturkatastrophen zur weiträumigen Überwachung eingesetzt werden.

Firebird im Flug. (Foto: Courtesy Northrop Grumman)

Fire Scout MQ-8

Aus dem Wettbewerb der US Navy um die Nachfolge der Pioneer RQ-2 ging die Version RQ-8A des Aufklärungshubschraubers Fire Scout als Sieger hervor. Bei der Typenbezeichnung stand »R« für Reconnaissance = Aufklärung, während »Q« das Fluggerät als unbemannt identifizierte. Trotz sehr erfolgreichen Tests mit weit über 200 vollautomatischen Flügen und Schiffslandungen (es war eine RQ-8A, die als erster unbemannter Drehflügler auf einem fahrenden Schiff der US Navy landete!), musste die US Navy das Projekt 2002 aus finanziellen Gründen einstellen. Aber Northrop Grumman gab die Hoffnung nicht auf und entwickelte eine Konzeptstudie für die Variante RQ-8B mit stärkerem Antrieb, Vierblatt-Hauptrotor und größerem Treibstofftank (720 Liter statt bisher 570 Liter) und daraus resultierend im Vergleich mit dem Vorgängermodell eine nahezu doppelte Reichweite und Nutzlastkapazität erzielte. Als die US Army in 2001 Interesse an der RQ 8B zeigte, beschloss die US Navy in 2004 das Projekt erneut aufzunehmen. Als im Sommer des folgenden Jahres entschieden wurde, Fire Scout nicht nur als reine Aufklärer, sondern als Mehrzweckhubschrauber in Dienst zu stellen, erhielt er die militärische Bezeichnung MQ-8B (»M« steht für Multi-role = Mehrzweck) Northrop Grumman nutzte die Chance und präsentierte die leistungsgesteigerte Version MQ-8B (Erstflug 18. Dez. 2006).

Die besseren Flugleistungen der MQ-8B erklären sich durch den Wechsel von einem Dreiblatt- zum Vierblatt-Hauptrotor. Dessen breitere, 4,20 m lange Blätter liefern nicht nur mehr Auftrieb, sondern haben dank geringerer Drehzahl auch eine niedrigere Lärmsignatur. Die positive Folge: Die Beobachtungsdauer konnte von zwei auf maximal mehr als acht Stunden gesteigert werden. Eine neue Rumpfverkleidung ermöglichte zusätzlichen Raum für mehr Missions-Zuladungen (Sensoren und/oder Kraftstoff) und eine höhere Startmasse. Links/rechts am Unterrumpf angeordnete Stummel-

Fire Scout MQ-8B. (Foto: Courtesy Northrop Grumman)

Fire Scout MQ-8B starten und landen autonom von Deck eines fahrenden Schiffes. (Foto: Courtesy Northrop Grumman)

flügel ermöglichen die Mitführung zusätzlicher Sensoren Luft-Boden-Flugkörper und – seegestützt -- Minensuchgeräte. Die Landekufen sind höhenverstellbar, um den Transport per C-130 Hercules zu ermöglichen.

Wie die RQ-8A, kann auch die MQ-8B von der Kontrollstation ferngelenkt werden oder vollautomatisch starten und eine vorprogrammierte Route selbständig abfliegen. Allerdings kann die Kontrollmannschaft jederzeit die Automatik abschalten und die manuelle Führung der Drohne übernehmen beziehungsweise neue Einsatzbefehle in den Bordrechner der fliegenden Drohne übermitteln.

Ein Fire-Scout-System besteht aus einer Kontrollstation und zwei oder drei unbemannten Hubschraubern (Drohnen) sowie Versorgungs- und Wartungsausrüstung. Die Kontrollstation ist entweder in die Einsatzzentrale eines Schiffes integriert oder als mobile Version als Container auf einem Geländefahrzeug montiert. Ein speziell für Fire Scout entwickeltes, in die Kontrollstation integriertes Leitsystem sendet Peilsignale aus, die es der Drohne ermöglichen, völlig autonom am dem Hubschrauberdeck eines fahrenden Schiffes oder im Gelände zu landen.

Neben vielfältigen Aufgaben soll Fire Scout aber primär als Aufklärer dienen. Die erforderlichen TV- und IR-Kameras sowie Laser-Zielmarkierer, Seeraumüberwachungsradar und Relaissender sind in einer beweglich unter dem Bug montierten Kugel installiert.

Die MQ-8B ist (mit vorwärts gefalteten Rotorblättern 9,20 m lang (Rumpf 7,30 m), hat einen 1,90 m breiten Rumpf und an der Heckrotorspitze 2,90 m hoch. Ihr Hauptrotordurchmesser beträgt 8,40 m, die Höchststartmasse 1428,8 kg (RQ-8A = ca. 1200 kg). Als Dienstgipfelhöhe werden rund 6100 m erreicht, wobei die Einsatzdauer acht Stunden (RQ-8A = 5 Stunden) beträgt. Als Antrieb wählte Northrop Grumman ein Wellenturbine Rolls-Royce/Allison 250-C20W mit 253,5 kW. Damit erreicht die MQ-8B über 230 km/h Höchstgeschwindigkeit.

Fire Scout MQ-8B gilt als eine der größten und robustesten modernen Militärdrohnen. So meldete Northrop Grumman im Frühjahr 2011, dass von Bord eines zum Schutz der internationalen Handelsschifffahrt am Horn von Afrika kreuzenden US-Kriegsschiffes eine MQ-8B nonstop 18 Stunden vollautomatisch ein riesiges Seegebiet überwacht hatte.

Global Hawk RQ-4

Global Hawk ist im Rahmen des so genannten »Tier«-Drohnenprogramms vom DARO (Defence Airborne Reconnaissance Office = Büro für die Luftaufklärung des Pentagon) für die USAF entwickelt worden. Seit der erste Global Hawk am 28. Februar 1998 in Edwards AFB zum Jungfernflug startete, hat sich dieser Fernaufklärer zu einem wahren Global Player entwickelt. In zahlreichen Varianten (»Block« genannt) immer wieder vergrößert, leistungsgesteigert und dem neuesten Stand der Technik angepasst, erscheinen Global Hawk als unverzichtbare Helfer überall dort am Himmel, wo die USAF zum Einsatz kommt. Erstmals an der »Front« erschienen Global Hawk unmittelbar nach den Anschlägen vom 11. September 2001, als Prototypen, die für Einsätze über Afghanistan auf die Arabische Halbinsel verlegt wurden Noch im Frühjahr 2011 operierten sieben Global Hawk (Block 10, 20, BAMS) von Al Dhafra (Vereinigte Arabische Emirate), wo sie in nur sechs Wochen 72 Einsätze mit 1615 Stunden Gesamtflugzeit absolvierten. Heimatbasen der Global Hawk in den USA sind Beale AFB nahe Marysville (Kalifornien) und seit dem 26. Mai 2011 Grand Forks AFB (North Dakota), die Einsätze werden allerdings von Basen nahe der zu überwachenden Gebiete geflogen.

Es wäre nicht ganz richtig, Global Hawk als Drohne zu bezeichnen. Korrekt ist: Unbemanntes Fluggerät. Denn mit seinen Abmessungen erinnert Global nicht nur äußerlich an ein Verkehrsflugzeug, sondern nimmt auch wie ein »richtiges« Flugzeug beim Start, im Flug und bei der Landung am allgemeinen Luftverkehr teil. Er ist dementsprechend ausgerüstet und gemäß den Bauvorschriften für Verkehrsflugzeuge konstruiert. Sein »Pilot« ist über ein bordeigenes Relais in die kommerzielle, beziehungsweise militärische Flugsicherung eingebunden. Die Sicht für den Flugweg liefert eine buginstallierte Videokamera, sodass der am Boden stationierte »Pilot« jederzeit manuell in das vorprogrammierte Flugprofil eingreifen

Global Hawk (Foto: Courtesy Northrop Grumman, aufgenommen 10. Juni 2004)

Global Hawk RQ-4A »Block 10«. (Foto: Courtesy Northrop Grumman)

kann. Wird die Verbindung zwischen Fluggerät und »Pilot« unterbrochen, folgt Global Hawk der programmierten Route bis hin zur Landung. Das Flugführungssystem ist vierfach redundant ausgelegt, sollte es aber dennoch komplett ausfallen, kreist Global Hawk bis zum Empfang neuer Befehle in einer vorgegebenen Warteschleife oder stürzt in einem ausgewählten Gebiet ab.
Die Missions-Nutzlast ist hauptsächlich im Vorderrumpf installiert. Zu den herausragenden Merkmalen des integrierten Sensorpaketes gehören unter anderem ein hochauflösendes Bodenradar mit Seitensicht-Betriebsart sowie ein IR-Sensor und eine Digitalkamera. Ein breitbandiges Signalerfassungssystem ermöglicht eine automatische Signalanalyse und -klassifizierung, Echtzeit-Lageanzeige sowie die Integrierbarkeit in C4I-Netzwerke (Command, Control, Communications, Computers and Intelligence = Führung, Kontrolle, Kommunikation, Computer und Aufklärung). Erfasste Daten werden an Bord gespeichert oder in Echtzeit an Führungsstäbe weltweit übermittelt.
Zum System »Global Hawk« gehören verschiedene, in NATO-Standard-Containern mit eigener Stromversorgung und Klimatisierung untergebrachten Bodenkontrollstationen: Das Start-/Landungsteam (LRE = Launch and Recovery Element) besteht aus zwei Personen und ist für die Einsatzplanung und verschiedene Kommunikationssysteme, den automatischen Start und die Landung sowie für die Steuerung der Global Hawk im Fluge verantwortlich. Das LRE ist demnach praktisch das Cockpit des Fluggerätes. Das LRE hat nur auf rund 250 km Distanz Funk- und Richtfunkverbindung zum Global Hawk und muss folglich in der Nähe des Start- und/

oder Landeplatzes stationiert sein. Zum Einsatzsteuerungssystem (MCE = Mission Control Element) gehören die bordgestützten Systeme zur Einsatzsteuerung, mehrere Arbeitsplätze für Datenempfang und -analyse und Weiterleitung an die Nutzer. Außerdem bietet das MCE Platz und Ausstattung für den Piloten, damit Global Hawk nach der Startphase vom LRE übernommen und während des Fluges gesteuert oder eventuell auf eine neue Flugroute gelenkt werden kann. Die satellitengestützte Kommunikation und Datenübertragung erfolgt über eine Parabolantenne von etwa sechs Meter Durchmesser. Dank dieser Antenne kann das MCE an jedem Punkt des Globus stationiert werden.

Während der Rumpf konventionell aus Aluminium gebaut wird, besteht der Flügel komplett aus Kohlefasern und biegt sich bei voller Belastung nur 60 cm nach unten durch. Ebenfalls aus Verbundwerkstoffen gefertigt, wird das V-Leitwerk mit je zwei Steuerflächen, Spoilern und Querrudern.

Zum Schutz gegen hochreichende Flugabwehrraketen ist Global Hawk mit Radarwarnempfängern und internen Störsendern ausgerüstet.

Beim Antrieb entschied sich Northrop Grumman für das AE3007H von Rolls-Royce mit einer Schubleistung von 31,5 kN. Nach einigen Anpassungen der Regelung kann dieser Turbofans in Höhen bis 21300 m betrieben werden. Der Triebwerklufteinlauf ist auf dem Rumpfrücken angeordnet.

Bei einer laut Hersteller maximal 36-stündigen Flugdauer legt Global Hawk weit über 20000 km zurück und könnte nonstop um den halben Erdball verlegen. Sofern das Ziel etwa 2200 km von der Basis entfernt liegt, beträgt die Verweildauer über Ziel oder Einsatzort rund 24 Stunden. Im Rahmen des DARPA-Programms KQ-X ist Northrop Grumman bemüht, diese Einsatzdauer durch voll automatische Luftbetankung in großer Höhe dahingehend zu verlängern, dass Global Hawks Verweildauer über dem Einsatzgebiet in absehbarer Zukunft bis auf eine Woche verlängert werden kann. Eine Tankerdrohne KQ-4 existiert bereits.

Als Startversion des Global Hawk gilt die RQ-4A, auch als »Block 10« bekannt. Angefangen hatte alles mit dem ACTD-Programm (Advanced Concept Technology Demonstration). Im Rahmen dieses Programms suchte DARPA einen moderneren und wesentlich leistungsfähigeren Nachfolger für die Spionageflugzeuge U-2. 1999 als Sieger aus diesem Wettbewerb hervorgegangen, betrat Global Hawks dritter Prototyp mit einem Paukenschlag die Weltbüh-

RQ-4B »Block 20« ist größer und leistungsfähiger als ihr Vorgängermodell. (Foto: Courtesy Northrop Grumman, aufgenommen 1. März 2007)

RQ-4 »Block 30« (Foto: Courtesy Northrop Grumman, aufgenommen 5. Okt. 2007)

ne. Am 21. März 2001 flog eine RQ-4A neue Weltrekorde für strahlgetriebene unbemannte Fluggeräte. In einem 30 Stunden und 24 Minuten dauernden Flug erreichte sie mit 19928 m die größte Flughöhe. Zu welchen Leistungen die RQ-4A damals schon fähig war, zeigt ein Blick auf ihre Route: In Edwards AFB (Kalifornien) gestartet, folgte sie der Pazifikküste nach Süden bis über den Äquator hinweg und wieder zurück. Es ging bei diesem Flug vor allem um die Überprüfung der verbesserten Klimaanlage für Aufklärungssensoren und Systeme bei extrem niedrigen Temperaturen.
Nahezu zeitgleich zu diesem Weltrekordflug genehmigte das Pentagon den Eintritt des Global-Hawk-Programms in die Entwicklung zur Serienreife und am 1. August 2003 konnte die USAF ihre erste seriengefertigte Global Hawk übernehmen. Verglichen mit den Testmustern war die Abflugmasse auf 14650 kg gestiegen, die Spannweite auf 39,35 m vergrößert, der Rumpf auf 14,48 m gestreckt und das V-Leitwerk um 14 Prozent vergrößert worden.
Ihre Feuertaufe erhielt Global Hawk in Afghanistan. Trotz unvermeidbaren technischen »Kinderkrankheiten« konnte die Echtzeitaufklärung wesentlich verbessert und später auch im Irakkrieg bewiesen werden.
Wie »wertvoll« die Fluggeräte »Block 10« immer noch sind, meldete Northrop Grumman 2011. Demnach war eine in Al Dhafra stationierte Global Hawk des Block-10-Standards im März 2011 19 mal in der Luft und stellte damit einen neuen Monatsrekord auf.
Allerdings war nicht zu übersehen, dass die Missions-Zuladungskapazität der RQ-4A mit rund 910 kg zu gering war und die USAF ihr Potential nicht voll ausschöpfen konnte. Es folgte die größere und leistungsfähigere RQ-4B. Als zentrales Element der Überwachung und Aufklärung im Einsatzgebiet sollen RQ-4B den Hauptteil der Fernaufklärerflotte der USAF bilden. Der Turbofan AE3700H wurde beibehalten, treibt aber einen stärkeren Generator mit

10 Kilowatt Leistung an. Dank erhöhter Tragfähigkeit und gestrecktem Rumpf konnte die Sensornutzlast – ohne verminderte Flugleistungen – auf 1360 kg erhöht werden. Sie umfasst ein hochauflösendes Bodenradar mit Seitensicht-Betriebsart sowie je einen IR-Sensor und eine Digitalkamera. Geführt werden die RQ-4B von Bodenstationen in Kalifornien (Beale AFB). Vor Ort werden nur die Start- und Landephasen überwacht. Am 25. August 2006 enthüllt, absolvierte die erste RQ-4B »Block 20« ihren Jungfernflug am 1. März 2007 und 2008 stellte Northrop Grumman die Serienfertigung auf die Variante »Block 20« um.

Am 14. Juli 2010 startete die erste »Block 20 BACN« (Battlefield Airborne Communications Node) zum Jungfernflug. Inzwischen dienen zwei dieser jüngsten Block-20-Versionen als fliegende Relaisstationen am Himmel über Afghanistan.

Äußerlich sind die Fluggeräte »Block 30« von der Variante »Block 20« nicht zu unterscheiden. Mit ihrer Konstruktion war bereits Mitte 2006 begonnen worden. Als wichtigste Verbesserung gilt Raytheons EISS (Enhanced Integrated Sensor Suite), dessen elektro-optischen und IR-Kamerasysteme sogar aus rund 18000 m Höhe und Entfernungen von knapp 50 km noch verwertbare Fotos von Flugzeugen, Fahrzeugen, Flugzeugträgern und sogar kleinen Segelbooten liefern. Zur elektronischen Aufklärung wurde das ASIP (Airborne Signals Intelligence Payload) installiert. Nach enttäuschenden Tests war 2011 kurzfristig geplant, auf die Variante »Block 30« völlig zu verzichten und direkt auf »Block 40« umzusteigen. Letztendlich wurde aber nur die Anzahl der zu beschaffenden »Block 30« reduziert. Dennoch haben die erkannten gravierenden Defizite die USAF nicht abgehalten, am 10. August 2011 die vorläufige Einsatzbereitschaft der RQ-4B Block 30 zu erklären. Voraussetzung dafür ist, dass genügend Fluggeräte und Bodenkontrollstationen verfügbar sind, um ein Gebiet 30 Tage lang rund um die Uhr zu überwachen. Laut USAF sind dafür drei RQ-4B, 20 »Piloten«, 15 Systembediener, 90 Mann Wartungspersonal und

RQ-4B »Block 40«. (Foto: Courtesy Northrop Grumman, aufgenommen 24. Juni 2009)

Fluggeräte des von der NATO geplanten AGS-Systems. (Foto: Courtesy Northrop Grumman)

– abhängig von der Sensorausstattung – 197 bis 377 Auswerter notwendig.

Zur Unterstützung der NATO-Einsätze gegen Libyens Diktator Muammar al Ghaddafi wurden im September 2011 drei »Block 30« auf Sizilien stationiert. Mühelos überflogen sie in bis zu 19000 m Höhe die libysche Flugabwehr und konnten wegen der kurzen Anmarschwege 24 Stunden und länger über dem Einsatzort in der Luft bleiben.

Im Juni 2009 präsentierte Northrop Grumman stolz den nächsten Entwicklungsschritt: Global Hawk »Block 40«. Sie erhielt im Rahmen des MP-RTIP-Programms (Multi-Platform Radar Technology) einen neuen Sensor: Das unter dem Rumpf installierte Bodenradar AN/ZPY-2 mit elektronischer Strahlschwenkung (Seitensicht-Betriebsart) soll die Überwachung großer Gebiete und die Verfolgung von Bewegtzielen ermöglichen. Äußerlich leicht zu identifizieren ist die »Block 40« an der schlanken, 1,20 x 0,45 m großen Antennenverkleidung an der Rumpfunterseite. Die Anzahl der ursprünglich zur Beschaffung geplanten Fluggeräte wurde im Februar 2011 von 22 auf elf halbiert. Mit den dadurch freigestellten Finanzmitteln sollen die Schwierigkeiten bei der »Block 30« behoben werden. Bis Mitte 2011 war ein Block-40-Fluggerät RQ-4B ausgeliefert. Ein erster Testflug mit dem MP-RTIP-Radar glückte im Juli 2011 und im September desselben Jahres wurde die erste RQ-4B Block 40 in Grand Forks stationiert. Fast identisch mit »Block 40« ist das von der NATO geplante AGS-System zur Gefechtsfeldüberwachung (Alliance-Ground-Surveillance-System). Ob dieses immer wieder verzögerte Projekt trotz schrittweisen Sparmaßnahmen mittelfristig realisiert werden kann, stand – unter anderem nachdem Kanada den Kreis der Partnerländer verlassen hat – 2011 noch in den Sternen.

Aus einem dreijährigen Wettbewerb der US Navy für ein unbemanntes Fluggerät zur weiträumigen Seeüberwachung ging die Global Hawk 2008 als Sieger hervor. Entscheidend für die Wahl der US Navy war die deutlich höhere Einsatzdauer der Global Hawk gegenüber den Konkurrenzmodellen.

Gemäß den Forderungen der Marine konzipierte Northrop Grumman die MQ-4C BAMS (Broad Area Maritime Surveillance). Ihre umfassende Sensorausstattung umfasst neben dem üblichen im Bug beweglich installierten Sensorturm mit elektro-optischen und IR-Kamerasystemen auch das System AN/ZLQ-1 zur elektronischen Aufklärung sowie einen AIS-Empfänger (Echt-

15. Januar 2009: Die NASA präsentiert ihre RQ-4A der Öffentlichkeit. (Foto: Courtesy Northrop Grumman)

MQ-4C BAMS (Foto: Courtesy Northrop Grumman)

zeit-Trackingdaten für Schiffe). Unter dem Rumpf ist ein drehbares Multifunktionsradar installiert. Es arbeitet im X-Bandbereich, besitzt eine Antenne mit elektronischer Strahlschwenkung und kann hochauflösende Bilder zur Schiffsidentifizierung liefern. Testflüge auf der Naval Air Station Patuxent River (Maryland, USA) und in Al Dhafra, einem Luftwaffenstützpunkt der Vereinigten Arabischen Emirate) bewiesen die grundsätzliche Eignung der MQ-4C BAMS zur Seeüberwachung. Die US Navy hofft, dass die MQ-4C im Mai 2012 zum Jungfernflug starten und 2015 die vorläufige Einsatzbereitschaft erreichen wird. Gemäß einem im August 2008 geschlossenen Beschaffungsauftrag soll Northrop Grumman der US Navy 68 MQ-4C liefern.

Global Hawk dienen nicht nur den Militärs. Vielmehr wurden sie auch bei zivilen Hilfsmissionen eingesetzt. So helfen sie beispielsweise bei der Waldbrandüberwachung in Kalifornien oder erkunden Hurrikans und von Erdbeben verwüstete Regionen (Haiti 2010). Ins Licht der Weltöffentlichkeit trat die Global Hawk im März 2011. Nach dem Tsunami und dem Atomunfall in Fukushima entsandten die USA Global Hawk RQ-4B »Block 30« nach Japan. In 16 Einsätzen lieferten sie exakte Wärmebilder der havarierten Atomreaktoren, wobei unvermeidlich war, dass diese Global Hawk als erste unbemannte Fluggeräte nach einigen Flügen dekontaminiert wurden.

Auch die NASA betrieb Global Hawk für Forschungszwecke. Es waren ausrangierte militärische Prototypen RQ-4, die – am 15. Januar 2009 erstmals der Öffentlichkeit vorgestellt und ausgerüstet mit Messinstrumenten – hoch über dem Pazifik und der Arktis Daten über die Atmosphäre sammelten.

Speziell für die deutsche Bundeswehr entwickelte Northrop Grumman die RQ-4E Euro Hawk (Details siehe dort).

Harfang

Für die französischen Streitkräfte beschafft, besticht das Aufklärungssystem Harfang durch lange Flugdauer. Es basiert auf der Heron-Plattform von IAI und wurde Ende 2008 in Dienst gestellt. Das Harfang-System dient seit Februar 2009 auch der ISAF-Schutztruppe in Afghanistan.
Ein Harfang-System besteht aus drei Fluggeräten, zwei Bodenstationen, einem Datenlinksystem von Cassidian sowie einem Satelliten-Datenverbindungssystem.
Ausgerüstet mit Bodenradar mit Seitensicht-Betriebsart und elektro-optischen Sensoren/Kamerasystemen sind Harfang-Fluggeräte allwettertauglich und Tag und Nacht einsetzbar. Die gewonnenen Daten werden in Echtzeit übermittelt.
Das Harfang-Programm wird von EADS als Generalauftragnehmer und Systemintegrator geleitet, umfasst aber auch wesentliche Beiträge von IAI. IAI zeichnet verantwortlich für die Entwicklung und Herstellung der Fluggeräte-Plattform und diverser Subsysteme.
Für Harfang typisch sind die weit gestreckten Tragflügel, das Doppelleitwerk sowie die Druck-Luftschraube. Als Antrieb dient ein 86 kW (115 PS) leistender Rotax- 914-Motor, ein Vier-Zylinder-Boxermotor (Turbolader) mit luftgekühlten Zylindern und flüssigkeitsgekühlten Zylinderköpfen.
Landung und Start erfolgen vollautomatisch. Die Flugprofile folgen einer vorprogrammierten Route, gleichwohl kann das Betriebspersonal manuell in die Flugsteuerung eingreifen.
Das Harfang-Fluggerät ist 9,30 m lang und hat 16,60 m Spannweite. Seine Dienstgipfelhöhe wird mit 7620 m, die Höchstgeschwindigkeit mit 207 km/h, die Reichweite mit 1700 km und die Einsatzdauer mit 24 Stunden angegeben. Es ist nicht pistenunabhängig und benötigt eine Start-/Landerollstrecke von rund 600 m. Die Höchststartmasse beträgt 1150 kg, die maximale Nutzlast 250 kg.

Harfang (Foto: Cassidian; aufgenommen 29. Juli 2010)

Hermes 90, 450, 900

Haifa, nach Jerusalem und Tel Aviv drittgrößter Ort Israels, ist Sitz der Elbit Systems Ltd. 1967 gegründet, hat sich Elbit auf dem Gebiet der unbemannten Flugkörpersysteme und der ISTAR-Technologie einen exzellenten Ruf erworben; unter anderem mit den Drohnen der Hermes-Familie. Es begann 2009, als Elbit auf der Paris Air Show seine neue Hermes 90 zeigte. Ungewöhnlich ist die Konstruktion mit den weit gestreckten Flügeln und dem wie ein dünnes, abgeschrägtes Rohr auf den Rumpf aufgesetzte Heckträger mit umgekehrtem V-Seitenleitwerk.

Mit der Hermes 90 präsentierte Elbit eine kostengünstige, vielseitig verwendbare und vom Gegner nur schwer erfassbare, taktische Drohne mit niedriger Geräuschsignatur.

Hermes 90 liefert ISTAR-Bilder in Echtzeit bei Tag und Nacht über eine gesicherte digitale Datenverbindung und ist für Feuerleitung, Luftüberwachung und sogar für schiffsgestützte Einsätze ideal geeignet. Das Fahrwerk ist austauschbar, sodass die Drohne von Fahrzeugen, Containern, Katapulten und kurzen Pisten starten kann. Die Bedienung ist auch ohne fliegerische Vorkenntnisse leicht erlernbar. Der Flug erfolgt vollautomatisch, kann aber auch über eine bordgestützte Kamera manuell gesteuert werden. Zur Landung auf Gleitkufen genügen eine kurze, unbefestigte Piste, ein Feld oder ein Fangsystem. Die Standzeit am Umkehrort ist kurz

Bei einer Flugzeit von bis zu 15 Stunden, umfasst der Einsatzradius 60 bis 100 km. Die Dienstgipfelhöhe beträgt rund 4500 m. Bei einer Spannweite von 5 m, hat Hermes 90 eine Starthöchstmasse von 110 kg und 55 kg maximale Nutzlast.

Für lange Einsatzdauer (bis zu 17 Stunden!) fertigt Elbit das vielseitig verwendbare taktische

Hermes 90 (Foto: Elbit Systems Ltd.)

System Hermes 450. Im Juli 1997 zuerst von den israelischen Streitkräften beschafft, dienen Hermes 450 inzwischen auch in Singapur, Kroatien und Mexiko, bei der zyprischen Nationalgarde und als Basis für das Watchkeeper-Aufklärungssystem der britischen Streitkräfte. Wie Hermes 90 operiert auch diese Drohne vollautomatisch, und zwar nicht nur im Flug, sondern auch in den Start-, Lande- und Rollphasen. Im Gegensatz zur Hermes 90, deren Flügelwurzeln im Oberrumpf angeordnet sind, ruht ihre durchgehende Tragfläche auf einem Sockel in Höhe des Hauptfahrwerks auf dem Rumpfrücken. Charakteristisch für die Tragfläche sind die abgewinkelten Flügelspitzen.
Die kardanisch gelagerte Nutzlast (elektro-optische und IR-Kamerasysteme) kann vielfältigen Anforderungen angepasst und erweitert werden und umfasst beispielsweise Seitensicht-/Bodenbildradar, ELINT/COMINT (elektronische Aufklärung, Fernmelde-/Funkaufklärung) sowie ein satellitengestütztes Kommunikationssystem (SATCOM).
Dank großer Einsatzdauer bietet Hermes 450 weiträumige ISTAR-Missionen, Feuerleitung, Wirkungsaufklärung bis hin zur zivilen Verbrechensbekämpfung. Selbstverständlich werden alle Informationen in Echtzeit über Datenverbindungen mit direkter Sichtlinie (Line of Sight) geliefert. Das Hermes-450-System ist sehr mobil; die Standzeit am Umkehrort kurz.
Bei einer Flugzeit von bis zu 17 Stunden (mit Zusatztanks bis 24 Stunden!) deckt Hermes 450 mit Line-of-Sight-Richtantenne einen Einsatzradius von maximal 250 km ab. Ihre Dienstgipfelhöhe beträgt 5400 m. Ihr Rumpf ist 6,10 m lang, die Spannweite beträgt 10,50 m. Die Höchststartmasse von 550 kg erlaubt maximal 250 kg Nutzlast.
Anfangs von einem Wankelmotor R802 angetrieben, wählte Elbit später den R902(W), der nach Ausfall im Flug wieder gestartet werden kann. Der R902(W) besitzt ein günstiges Gewichts-/Leistungsverhältnis und seine 38 kW (52 PS) treiben eine am Heck angeordnete Zweiblatt-Druck-Luftschraube an.
Mit über 170000 Einsatzstunden zählt Hermes 450 zu den erfolgreichsten Drohnensystemen ihrer Klasse.

Am 14. Dezember 2009 verkündete Elbit Systems den Erstflug der Überwachungsdrohne Hermes 900. Als vergrößerte Weiterentwicklung der Hermes 450 profitiert sie von den Erfahrungen ihrer kleineren, kampferprobten Vorgängerin. Hermes 900 soll die ständig wachsenden Anforderungen moderner Streitkräfte erfüllen, ist mehrrollenfähig und für lange Verweildauer (ISTAR-Missionen bis 36 Stunden!) in mittleren Flughöhen konstruiert.
Zu ihren Hauptmerkmalen zählt die auf maximal 450 kg gesteigerte vielseitige, der modernsten Technik entsprechenden Sensornutzlast (elektro-optische und IR-Kamerasysteme, Funksensoren, Laser-Zielmarkierer, IFF-Abfragegerät zur Erkennung: Freund oder Feind?), die sich im Baukastensystem auf wechselnde Einsatzbe-

Hermes 450 (Foto: Elbit Systems Ltd.)

dingungen – auch den Anforderungen der elektronischen Kampfführung (COMINT, ELINT, SIGINT) – anpassen lässt. Die Reichweite ihres satellitengestützten Kommunikationssystems wurde dahingehend vergrößert, dass Hermes 900 sogar außerhalb der Funkreichweite ihrer Bodenkontrollstation operieren kann. Im Buckel auf dem Vorderrumpf ist die Satellitenantenne, unter dem Kinn das drehbaren Kamerasystem und mittig an der Rumpfunterseite der Radarbehälter installiert. Bei ISTAR-Missionen werden die gewonnenen Daten und Bilder in Echtzeit übermittelt.
Hermes 900 ist bei Tag und Nacht einsatzfähig und kann automatisch auf unbefestigten Pisten starten und landen. Hohe Flugsicherheit gewährleistet ein zweifach ausgelegtes Flugsteuerungssystem mit selbsttätig ablaufenden Notfallmaßnahmen und Kontaktaufnahme zu den »Piloten«. Die Standzeit am Umkehrort isl kurz. Wegen der großen Flugdauer und einer Dienstgipfelhöhe von 9000 m sind die »Piloten« der Hermes 900 über ein bordeigenes Relais in die kommerzielle beziehungsweise militärische Flugsicherung eingebunden.

Hermes Universal Ground Control Station. Vom Start bis zur Landung können alle Mitglieder der Hermes-Familie von derselben Bodenstation geführt werden – vollautomatisch und manuell, sogar auf verschiedenen Start-/Landestreifen. (Foto: Elbit Systems Ltd., aufgenommen 6. Dez. 2006)

Die Zelle ist aus Verbundwerkstoffen gefertigt, das Leitwerk in V-Version ausgelegt, der Motor leise und das Fahrwerk einziehbar. Hermes 900 hat 15,30 m Spannweite und einen 9,10 m langen Rumpf.

Hermes 900 (Foto: Elbit Systems Ltd., aufgenommen 9. Dez. 2009)

Heron 1 & Heron TP

Die Rheinmetall AG hat ihren Sitz in Düsseldorf. Ebendort 1889 von dem Ingenieur Heinrich Ehrhardt gegründet, entwickelte sich das Unternehmen zu einem der führenden europäischen Rüstungsunternehmen. Im Rheinmetall-Konzern für Verteidigungs- und Sicherheitstechnologien verantwortlich ist der Unternehmensbereich Defence. Leider konnte Rheinmetall Defence der Bundeswehr für die ISAF-Mission in Afghanistan kein »eigenes« unbemanntes Flugsystem zur Verfügung stellen. Die militärische Lage zwang die Bundeswehr zu einer ungewöhnlichen Lösung: Das Verteidigungsministerium mietete bei den Kooperationsfirmen Rheinmetall und Israel Aerospace Industries ein im Markt verfügbares strategisches MALE-System (MALE = mittlere Flughöhen, lange Einsatzdauer), und zwar zwei Heron 1 (Reiher, Rheinmetall Defence modifizierte die Flugsysteme und schuf ein komplettes, auf die deutschen Anforderungen abgestimmtes Betreiberpaket. Konkret forderte die Bundeswehr v »streitkräftegemeinsame, kontinuierliche Lageaufklärung und Überwachung« sowie »Ziel und Wirkungsaufklärung«. Gemäß den im Oktober 2009 zwischen IAI und Rheinmetall Defence geschlossenen Verträgen war es dann am 17. März 2010 vollbracht: Auf dem ISAF-Stützpunkt Mazar-e Sharif startete der erste deutsche Heron 1. Aber wenige Tage später geschah es: Sicher gelandet, kollidierte das Fluggerät (Kennung 99+20) beim Rollen zum Abstellplatz mit einer geparkten Transall und wurde schwer beschädigt. Wieder hieß es warten, bis im Sommer 2010 eine zweite und dritte Heron 1 verfügbar waren.
Bedient von in Israel bei IAI ausgebildeten »Piloten« und Sensorbedienern des Aufklärungsgeschwaders 51, sind in Mazar-e Sharif stationierte Mitarbeiter der Rheinmetall Defence für Service, Wartung, und Instandsetzung verantwortlich.
Nachdem im Januar 2011 die Steuerung durch Satellitenübertragung gewährleistet war, meldete die Bundeswehr am 27. Mai 2011 die volle Einsatzbereitschaft ihrer Heron 1 in Afghanistan. Inzwischen (Ende 2011) sind in Mazar-e Sharif drei Fluggeräte dieses Typs stationiert, die bis Mai 2011 mehr als 4000 Flugstunden absolviert hatten.
Im Einsatz können zwei Heron 1 gleichzeitig in der Luft sein. Das gewonnene Bildmaterial wird in Echtzeit an die Einsatzleitung im Feldlager Mazar-e Sharif und/oder direkt an die Soldaten im Einsatz und/oder nach Deutschland übermittelt. Bei Bodentruppen ohne Satellitenkommunikationsterminal können Heron

Heron TP (Foto: Rheinmetall AG, Düsseldorf)

1 auch als Relaisstationen dienen. Das Operationsgebiet ist auf die unter deutscher Zuständigkeit stehende ISAF-Region im Norden Afghanistans beschränkt. Laut Bundeswehr hat sich »die Zwischenlösung Heron 1 bereits nach kurzer Zeit erfolgreich im Einsatz etabliert und liefert wichtige Informationen zur Planung und Durchführung von Operationen am Boden.«
Die übliche Nutzlast (250 kg) umfasst zwei Systeme. Dabei handelt es sich um ein an der Rumpfunterseite installiertes Bodenradar mit Seitensicht-Betriebsart, das bei Tag und Nacht die Aufklärung größerer Bewegtziele erlaubt. Die im Buckel auf dem Vorderrumpf installierte elektro-optische Ausstattung umfasst zwei Tageslichtkameras (eine mit 500 mm Festbrennweite und eine zweite mit zehnfachem optischen Zoom) sowie ein Vorwärtssicht-IR-Gerät und ein Laser-Zielbeleuchter. Bei Start und Landung und im Flug werden Heron 1 zumeist ferngesteuert, und zwar über eine satellitengestützte Datenverbindung oder – sofern Sichtverbindung gegeben ist – per Funk. Allerdings können die »Piloten« jederzeit in die automatische Flugsteuerung eingreifen. Wird die Verbindung zwischen Fluggerät und Bodenstation unterbrochen, kehrt Heron 1 automatisch zur Basis zurück und kann bei Motorausfall aus großer Höhe sogar zurücksegeln.
»Piloten« und Sensorbediener sitzen in der Bodenstation vor Konsolen, auf denen wahlweise Sensorbilder oder eine 180-Grad-Panoramasicht abgerufen werden können. Der Einsatzradius von rund 400 km kann durch

Funkreichweite eingeschränkt werden.
Als Hochdecker konstruiert, hat Heron 1 16,80 m Spannweite, ist 8,50 m lang und 2,30 m hoch. Die Flügel mit sehr hoher Streckung und ohne Pfeilung an der Flügelnase ermöglichen einen sehr hohen Auftrieb bei geringem Widerstand. Das Seitenleitwerk ist doppelt konstruiert, das Dreiradfahrwerk einfach bereift. Die Höchstartmasse beträgt fast 1150 kg. Angetrieben von einem am Rumpfheck angeordneten Vier-Zylinder, Viertakt-Benzinmotor mit Turbolader BRP-Powertrain Rotax 914 mit 86 kW (115 PS), erreicht der Heron 1 mittels Vierblatt-Druck-Luftschraube rund 210 km/h Höchstgeschwindigkeit und kann auf über 9000 m steigen. Ein typischer Einsatz dauert rund 16 Stunden. In Afghanistan wurden aber auch schon bis zu 27 Stunden lange Missionen geflogen.
Wohlwissend, dass Heron 1 der Bundeswehr nur als Übergangslösung galt, entwickelten IAI und Rheinmetall Defence für die ab 2013 benötigte SAATEG-Anschlusslösung das System Heron TP (TP = Turboprop) zur Einsatzreife. Wie inzwischen bekannt, war der Erstflug bereits am 15. Juli 2006 geglückt.
Heron TP entspricht dem neuesten Stand der Technik und erfüllt alle Anforderungen an ein zukünftiges MALE-Aufklärungssystem.
Mit 26 m Spannweite und bis zu 5000 kg Höchststartmasse kann das 14 m lange Fluggerät Nutzlasten von bis zu 1000 kg tragen. Die Einsatzdauer liegt weit über 36 Stunden. Als Antrieb dient eine im Rumpfheck angeordnete Propellerturbine PT6A mit rund 900 kW (ca. 1200 PS) und Druck-Luftschraube. Auch das Leitwerk ist doppelt ausgelegt und das Fahrwerk wurde fast unverändert übernommen. Mit 14800 m liegt die Dienstgipfelhöhe über dem zivilen Luftverkehrs.
Der Heron TP ist allwettertauglich und kann unter allen klimatischen Bedingungen eingesetzt werden.

Heron 1, Kennung 99+20. Als erste Heron 1 in Afghanistan eingetroffen, stieß dieses Fluggerät am 17. März 2010 in Mazar-e Sharif beim Rollen mit einer geparkten Transall zusammen und wurde schwer beschädigt. (Foto: Bundeswehr/Mediendatenbank; aufgenommen 11. März 2010)

HERTI & Fury

BAE Systems in seiner heutigen Form entstand 1999 durch Fusion mit GEC Marconi Electronic und späteren Zukäufe von Boeing und Lockheed Martin. Sitz des Unternehmens ist London. Es kann nicht verwundern, dass ein solcher Global Player frühzeitig das weltweite Interesse an unbemannten Fluggeräten erkannte.
Zu BAE Systems' erfolgreichen unbemannten Fluggeräten zählt die Aufklärungsdrohne HERTI (High Endurance Rapid Technology Insertion). Rein technisch betrachtet, basiert dieses MALE-System auf einem in Polen entwickelten Motorsegler mit V-Leitwerk. Modifiziert mit spezieller Avionik für den unbemannten Flug und ausgerüstet mit Videokameras, glückte der Jungfernflug des ersten Prototyps HERTI-1D im Dezember 2004. Auch Tests in Afghanistan verliefen so erfolgreich, dass HERTI seit 2007 von den Streitkräften mehrerer Staaten beschafft wurde.
War der erste Prototyp noch mit einem Strahltriebwerk ausgestattet, so entschied man sich bei der HERTI-1A für einen BMW-Kolbenmotor mit Druck-Luftschraube. Dank diesem Kolbenmotor bietet die 1A – verglichen mit ihrer Vorgängerin – längere Einsatzdauer und eine größere Nutzlastkapazität.
Es folgt die HERTI-1B. Ausgerüstet mit verbesserter Avionik, hochauflösendem Bodenradar mit Seitensicht-Betriebsart und modernen Tageslicht- und IR-Kameras, ist sie ein typischer Bildaufklärer. Ihre Sensoren wandeln Lichtstrahlen in Echtzeit in elektronische Signale und Videos. Die Nutzlastbaugruppen können gemäß den militärischen Anforderungen leicht aus- beziehungsweise eingebaut werden.
Seit 2006 war bekannt, dass BAE Systems einen bewaffneten HERTI-Aufklärer entwickelte und nur zwei Jahre später präsentierte BAE Systems auf der Internationalen Luftfahrtschau in Farnborough die Fury. Fury dient nicht nur als Aufklärer, sondern soll – bewaffnet Flugkörpern – auch zur Luftnahunterstützung geeignet sein. Da die Flugkörper an den Flügelunterseiten mitgeführt werden müssen, erhielt

HERTI (Foto: BAE Systems)

HERTI Fury bei Flugtests. (Foto: BAE Systems)

Fury nicht nur ein neues Flugsteuersystem, sondern musste auch mit Software für Kampfführungs- und Waffenstatusdaten nachgerüstet werden.
Alle HERTI-Versionen können von unbefestigten Pisten eingesetzt werden und sind allwettertauglich. Im Einsatz kann HERTI vollautomatisch oder aus der Bodenkontrollstation manuell »geflogen« werden. Eine optische Kamera liefert hochwertige Bilder. Gemäß vorprogrammierten Charakteristika wählt die Bordsoftware selbständig zwischen Farb- und Schwarzweißbildern und übermittelt der Bodenkontrollstation nur die relevanten Daten über eine satellitengestützte Datenverbindung. Wird die Kommunikation zwischen Bodenkontrollstation und Drohne unterbrochen, garantiert ein automatisches Start- und Bergungssystem die sichere Landung.
Angetrieben werden seriengefertigten HERTI-Varianten von einem Rotax-Motor mit 86 kW (115 PS).
HERTI ist 5 m lang und hat 12 m Spannweite. Die Nutzlast wiegt 150 kg, die Leermasse 650 kg und die Starthöchstmasse 450 kg. HERTI erreicht 231 km/h Marschgeschwindigkeit und nahezu 6100 m Dienstgipfelhöhe. Ihre maximale Einsatzflugdauer wird mit 20 Stunden angegeben.

Hunter

Mit der vielseitig verwendbaren Hunter, als Schulterdecker und mit Doppelleitwerk konstruiert, baut IAI eine taktische Drohne kurzer Reichweite für Überwachung, Aufklärung, Zielentdeckung, Artilleriefeuerleitung und Wirkungsaufklärung im Divisions- und Corpsbereich. TRW (später Northrop Grumman) und IAI waren aus einem gemeinsamen Wettbewerb von US Army, Navy und Marine Corps als Sieger hervorgegangen. Zur Minderung der Radarortung werden bei der Fertigung größtenteils Verbundwerkstoffe verwendet. Ungewöhnlich ist die Anordnung der beiden Motoren: jeweils einer am Bug beziehungsweise am Heck und folglich mit Zug- beziehungsweise Druck-Luftschraube ausgestattet. Das Dreiradfahrwerk ist starr konstruiert. Zu Landung genügt eine Graspiste.

Nachdem 1991 der Jungfernflug geglückt war, bestellte die US Army m Rahmen einer Vorserie sieben Hunter-Systeme mit je acht Fluggeräten RQ-5A. Nach mehreren Unfällen wurde das Hunter-Projekt aber Anfang 1996 gestoppt und die bereits ausgelieferten mehr als 50 seriengefertigten Fluggeräte eingelagert. Dann erzwang der Kosovo-Konflikt 1999 die Reaktivierung einiger Hunter zur Unterstützung der NATO-Truppen. In den ersten drei Monaten der Operation Allied Force absolvierten Hunter monatlich über 600 Flugstunden und lieferten wertvolles Bildmaterial in Echtzeit. Bei vielen Einsätzen operieren zwei Drohnen gemeinsam, wobei die zweite als Relaisstation diente und die »normale« Einsatzreichweite von rund 125 km (gemessen von der Bodenkontrollsta-

Ist der Startplatz begrenzt (z.B. an Bord eines Schiffes), wird der Hunter mit Raketenunterstützung in die Luft katapultiert. (Reprinted with permission of Israel Aerospace Industries Ltd. All rights reserved.)

tion) auf rund 200 km vergrößert werden kann. Auch für die Konflikte in Afghanistan und im Irak wurden Hunter reaktiviert und erfolgreich verwendet. Im Herbst 2004 übernahm das Heimatschutzministerium der USA Hunter-Drohnen zur Überwachung der mexikanischen Grenze.

Hunter ist allwettertauglich und operiert bei Tag und Nacht. Die Missions-Nutzlast ist leicht und individuell austauschbar und umfasst unter anderem FLIR (Vorwärtssicht-Wärmebildsensor) und für nächtliche Einsätze eine Restlicht-Spotter-TV-Kamera.

Bereits im Oktober 2002 hatten umfangreiche Tests bewiesen, dass Hunter-Drohnen panzerbrechende Tochtermunition BAT (Brilliant Anti-Tank) mitführen und wirksam einsetzen konnten. Im August 2003 glückten Abwurfversuche mit präzisionsgelenkten Gleitbomben Viper Strike, einer Weiterentwicklung der BAT mit halbautomatischem Laserzielanflug.

Das Fluggerät RQ-5A ist 7,01 m lang, 1,70 m hoch und hat 8,84 m Spannweite. Es hat 725 kg Höchststartmasse und trägt eine Nutzlast von maximal 125 kg. Die Dienstgipfelhöhe liegt bei 4600 m, die Patrouillengeschwindigkeit zwischen 110 bis 150 km/h und die Flugdauer bei 15 Stunden.

Da sich die Indienststellung eines Nachfolgemusters verzögerte, entschied sich die US Army für die Beschaffung des leistungsgesteigerten Hunter MQ-5B. Angetrieben von Dieselmotoren, startete die erste Drohne dieser Variante im August 2005 zum Jungfernflug. Sie wurde mit modernen Sensoren ausgerüstet, wie zum Beispiel einen Laser-Zielbeleuchter, Nutzlasten zur elektronischen Kampfführung (Radar- und COMINT-Störer und Radarwarnempfänger), ein GPS/INS-gestütztes Navigationssystem sowie ein IFF-Gerät (Freund/Feind-Kennung), Bodenradar mit Seitensicht-Betriebsart und Bewegtzielanzeige.

Die Unterseite ihrer gestreckteren Flügel waren für Außenlaststationen (Kampflast je Unterflügel: 60 kg) eingerichtet – beispielsweise für

zwei präzisionsgelenkte Gleitbomben vom Typ Viper Strike zur Panzerbekämpfung –, während das mittlere Flügelsegment als zusätzlichen Treibstofftank diente. In Afghanistan und im Irak eingesetzt, soll eine MQ-5B im September 2007 im Irak als erste bewaffnete Drohne der US Army eine lasergelenkte Gleitbombe in feindlicher Absicht abgeworfen haben. Im No-

Hunter im Flug. (Reprinted with permission of Israel Aerospace Industries Ltd. All rights reserved.)

vember 2008 beschaffte die US Army ein Dutzend zusätzliche MQ-5B, sechs Bodenkontrollstationen Block II sowie acht taktische Sende-/Empfangsstationen.
Das Fluggerät MW-5B hat 10,44 m Spannweite, 816 kg Höchststartmasse und trägt eine Nutzlast von maximal 227 kg. Die Dienstgipfelhöhe liegt bei 6100 m, die Höchstgeschwindigkeit bei rund 220 km/h und die Patrouillengeschwindigkeit zwischen 110 bis 150 km/h. Verglichen mit der RQ-5A blieb die Flugdauer mit 15 Stunden unverändert.
Anfang 2005 dienten nur noch rund 50 Hunter RQ-5A. Primär nur noch als Testträger für Sensornutzlasten, Einsatztaktiken und Waffenversuche verwendet, wurden die meisten zu MQ-

Im Innern einer Bodenkontrollstation. (Reprinted with permission of Israel Aerospace Industries Ltd.)

5C E-Hunter umgerüstet. E-Hunter erhielten ein neu modifiziertes Leitwerk und Flügel größerer Spannweite, sodass sie bis zu 30 Stunden über einem Ziel oder Einsatzort verweilen und sogar Waffen mitführen können. Das »E« in der Typenbezeichnung steht für »Extended« und weist auf die verlängerte Flugdauer und größere Dienstgipfelhöhe hin. Der Erstflug glückte im April 2005.
Das Fluggerät MQ-5C ist 7,50 m lang, 2,28 m hoch und hat 16,60 m Spannweite. Es hat 998 kg Höchststartmasse und trägt eine Nutzlast von maximal 309 kg. Die Dienstgipfelhöhe liegt bei 7620 m, die Patrouillengeschwindigkeit zwischen 110 bis 150 km/h und die Flugdauer bei mehr als 30 Stunden. Die maximale Reichweite beträgt 125 km, mit Relaisstation 200 km.
Grundsätzlich ist zu betonen, dass die Hunter-Drohnen vollautomatisch auf vorprogrammierten Flugprofilen oder manuell durch den »Piloten« geführt werden – die Bedienung ist einfach und schnell erlernbar. Start und Landung erfolgen automatisch. Alle Avioniksysteme sind redundant konzipiert und entsprechen dem neuesten Stand der Technik.

Inceptor

Gegründet 1994 in Bingen (US-Bundesstaat Washington), gilt Insitu Inc. als ein »Pionier« der unbemannten Fluggeräte und -systeme. Insitus kleinster militärischer Flugroboter ist der Inceptor. Dieses Hubschraubersystem wurde speziell für ISR-Einsätze in umkämpften Ortschaften entwickelt. Ausgestattet mit drei elektro-optischen oder IR-Kameras, kann die Drohne dank ihrer Hubschrauberkonstruktion selbst noch in verwinkelten Gassen aufklären, Gefahrenquellen überprüfen und Informationen in Echtzeit an die kämpfende Truppe weiterleiten. Ein modernes Flugregelsystem garantiert, dass die Flugstabilität selbst bei wildesten Manövern bewahrt bleibt und der »Pilot« sich auf seine Aufgaben konzentrieren kann. Start und Landung erfolgen stets automatisch, während die Drohne im Flug entweder vollautomatisch vorprogrammierten Profilen oder manuell gesteuert werden kann.
Ein Inceptor-System passt in einen handlichen, wasserdichten Koffer. Er bietet Platz für zwei demontierte Drohnen, die Kontrollstation nebst Monitor, zwei Videobrillen sowie auf einem Dreibein zu installierende Antennen. Eine Drohne wiegt nur 1,1 kg, ist 24 cm hoch, 63 cm lang und der Hauptrotor hat 71 cm Durchmesser. Inceptor erreicht 55 km/h Höchstgeschwindigkeit, 1 bis 3 km Reichweite und operiert in Höhen von 1 bis 150 m mit 20 Minuten Einsatzdauer. Als Antrieb dient ein geräuscharmer, batteriebetriebener Elektromotor.

Die handliche »Kontrollstation«, im Hintergrund ein Inceptor. (Photo provided courtesy of Insitu, Inc.)

Integrator

Ausgenommen beim Inceptor-System, ist für Insitus Drohnen charakteristisch, dass sie zum Start in die Luft katapultiert und nach beendetem Einsatz mit den an ihren Flügelspitzen angebrachten Haken von einem senkrecht gespannten Kabel (Skyhook-System) »eingefangen« werden. So auch Insitsus modernstes Drohnensystem Integrator. Integrator liefert Bildmaterial in Echtzeit, ermöglicht weiträumige Überwachung und ist kostengünstiger in Beschaffung und Einsatz als viele größere Konkurrenten. Die Grundausstattung umfasst INS-stabilisierte elektro-optische Kamerasysteme sowie Lang- und Kurzwellen-IR-Kameras, IR-Zielmarkierer und Laser-E-Messer. Abhängig von den Nutzlasten schwankt der Einsatzradius von 102 bis rund 1020 km.
Vom Katapultstart bis zur Landung fliegt die Drohne GPS-gestützt auf vorprogrammierten Profilen. Integrator ist pistenunabhängig und dank Insitus Skyhook-Bergesystem kann auf Fangnetze verzichtet werden. Seit 2004 im Einsatz, hat Integrator seine Zuverlässigkeit über Land und See militärisch und zivil bewiesen. Angetrieben von einem 8 PS starker Diesel-Kolbenmotor mit Druck-Luftschraube, erreicht die Drohne im Horizontalflug 150 km/h. Ihre Patrouillenfluggeschwindigkeit beträgt rund 100 km/h, die Dienstgipfelhöhe 4570 m und Verweildauer maximal 24 Stunden.
Die Drohne ist 2,20 m lang und hat 4,80 m Spannweite und ein Doppelleitwerk. Ihre Leermasse beträgt 34 kg, die Höchststartmasse 61,2 kg und sie kann bis zu 18,6 kg Treibstoff sowie bis zu 39 kg Nutzlasten mitführen. Ein Integrator-System besteht aus einer oder mehreren Drohnen, einem Startkatapult, dem Skyhook-Bergesystem sowie einer Bodenkontrollstation.

Integrator im Flug. Man beachte den kinnmontierten Sensorenbehälter, die Fanghaken an den Flügelspitzen und das Doppelleitwerk. Eingeklinkt: Heckansicht. Startbereiter Integrator auf dem Katapult. (beide: Photo provided courtesy of Insitu, Inc. Integrator UAS is produced by Insitu, Inc.)

KZO

In enger Zusammenarbeit mit der Bundeswehr wurde dieses unbemannte Kleinfluggerät für Zielortung von dem Konsortium GIE Eurodrone entwickelt und seit der Serienvorbereitung als nationales deutsches Programm von Rheinmetall gefertigt. Bei Reichweite, Zielortungsfähigkeit und Informationsübermittlung (weniger als eine Minute!) ist dieses unbemannte, luftgestützte Aufklärungssystem in Konstruktion und Ausrüstung auf die wirksame Reichweite moderner Artilleriesysteme abgestimmt. Die Handhabung der Drohne ist einfach und leicht erlernbar.

Am 28. November 2005 übernahm die Bundeswehr das Pilotsystem des KZO beim Hauptauftragnehmer Rheinmetall Defence Electronics in Bremen »eines der modernsten und leistungsfähigsten Drohnenaufklärungssysteme weltweit«. Seit November 2006 ist das KZO amtlich als unbemanntes Luftfahrzeug zugelassen. Mit der Musterzulassung bescheinigte die Wehrtechnische Dienststelle 61 in Manching die Verkehrssicherheit und Lufttahrttauglichkeit. Halter der Musterzulassung ist Rheinmetall Defence Electronics, sodass alle dort seriengefertigten KZO die Verkehrszulassung erhalten.

Von einem Startfahrzeug aus einem Container mit einer abwerfbaren Feststoff-Rakete gestartet, übernimmt ein heckmontierter Zwei-Zylinder-Kolbenmotor von ZF Sachs (24 kW/33 PS) mit Druck-Luftschraube den Antrieb. Aus Kunststoff gefertigt, kompakt und in allen Spektralbereichen getarnt, angetrieben von einem geräuscharmen Motor und mit einer sehr

KZO im Container des Startfahrzeuges. (Foto: Bundeswehr/Mediendatenbank; aufgenommen 14. Sept. 2009)

kleinen Radarsignatur ist die Drohne fast unsichtbar; die Überlebensfähigkeit hoch.
KZO kann vollautomatisch vorprogrammierten Flugprofilen folgen, durch Umprogrammierung aber auch während des Fluges über Funk jederzeit auf Lageänderungen reagieren und neue Flugkurse einschlagen. Warmluftenteisung der Flügelvorderkanten erlaubt den Einsatz bei nahezu jedem Wetter. Die Landung erfolgt per Fallschirm, wobei der Aufprall durch Luftkissen gedämpft wird. Sofern keine größeren Reparaturen nötig sind, ist das KZO nach wenigen Stunden erneut einsatzklar. Je System sind täglich sechs bis acht Flüge möglich.
Ausgestattet mit einer Wärmebildkamera Ophelios mit Achtfach-Zoom und Bodenradar mit Seitensicht-Betriebsart ist die Drohne nahezu uneingeschränkt allwetterfähig, kann bei Tag und Nacht zur Ziel- und Lageaufklärung eingesetzt werden und entweder automatisiert einen vorgegebenen Geländeabschnitt überwachen oder ein bereits erkanntes Zielobjekt verfolgen.
Mit dem KZO besitzt die taktische Führung ein rund um die Uhr einsatzbereites Aufklärungsmittel. So können beispielsweise Fahrzeugkolonnen überwacht und Patrouillenpfade nach Sprengfallen erkundet, aber auch Schadensbeurteilungen (z. B. Trefferüberprüfungen nach Artilleriebeschuss) durchgeführt werden. Die Drohne ortet auch unter starker elektromagnetischer Störung bis zu Entfernungen von 100 km sowohl feste als auch bewegliche Ziele (und deren Geschwindigkeit und Bewegungsrichtung). Bei einer Aufklärungsreichweite von 65 km (mit Störer) und 100 km (ohne Störer) und Übertragung der komprimierten Bilder und Daten in Echtzeit zur Bodenstation können Ziele entdeckt, identifiziert und bestimmt (Ortungsgenauigkeit besser als 50 m) werden. In der Bodenstation werden alle aktuellen Informationen unter Nutzung digitaler Karten den entsprechenden geographischen Orten zugewiesen. Alle Informationen können über große Distanz oder in Netzwerken weitergeleitet werden.

Die Datenverbindung zwischen Drohnen und Bodenstation ist mehrfach gesichert und gewährleistet eine hohe Störfestigkeit. Eine Bodenstation besteht aus drei, in einem Contai-

Start! (Foto: Bundeswehr/Mediendatenbank; aufgenommen 14. Sept.2009)

ner eingerichteten Arbeitsplätzen.
Ein KZO-System umfasst je ein Start-, Antennen-, Instandsetzungs- und Bergefahrzeug sowie je eine Bodenstation und Betankungsanlage und bis zu zehn Drohnen in Transport- und Lagerbehältern (TuLb)). Bei dieser hohen Zahl von Lastkraftwagen ist der logistische Aufwand gerade für rasche, auf Lufttransport angewiesene Auslandseinsätze verhältnismäßig hoch. Am Boden besitzt das KZO-System hohe Mobilität und ist schnell verlegbar.
Die Drohne ist 2,26 m lang, 3,42 m breit und

0,96 m hoch; ihr Rumpfdurchmesser beträgt 0,36 m. Sie hat eine Höchststartmasse von 168 kg und trägt 30 kg Nutzlast. Sie operiert mit 120 bis rund 215 km/h. Ihre Dienstgipfelhöhe beträgt 4000 m, während die Aufklärungsflughöhe mit 800 bis 3000 m und die Einsatzflughöhe mit 300 bis 3500 m angegeben werden. Die maximale Einsatzdauer beträgt nahezu sechs Stunden.

Seit Juli 2009 von der Bundeswehr im Rahmen des ISAF-Einsatzes in Afghanistan eingesetzt, hat das KZO seine Feuertaufe erfolgreich bestanden und bis Mitte 2011 nahezu 600 Einsatzflüge absolviert. Leistungssteigernde Maßnahmen, wie zum Beispiel Wärmebildgeräte mit höherer Auflösung, leistungsfähigere Tageslichtkameras und eine größere Aufklärungsreichweite (140 km), sind bei Rheinmetall bereits in »in Arbeit«.

Abwurf der Raketenplattform zum Weiterflug mit Propellerantrieb. (Foto: Bundeswehr/Mediendatenbank; aufgenommen 20. Okt. 2009)

LUNA

Auch die taktische Drohne des Luftaufklärungs- und Überwachungssystems LUNA wird von der EMT Ingenieurgesellschaft im bayerischen Penzberg gebaut. LUNA steht für »Luftgestützte Unbemannte Nahaufklärungs-Ausstattung«.
Gemäß einem im Oktober 1997 geschlossenen Studienvertrag zwischen EMT und dem Bundesamt für Wehrtechnik und Beschaffung entwickelt und gefertigt, erfolgte im März 2000 der erste LUNA-Einsatz im Kosovo. Im August 2002 erhielt EMT einen Beschaffungsvertrag über zwölf Bodenstationen und 40 Drohnen und 2003 stellte die Bundeswehr das LUNA-System in Dienst.
Von der Bundeswehr im Kosovo, in Mazedonien und in Afghanistan eingesetzt, hat sich das kostengünstige LUNA-System auch unter ungünstigen Wetterbedingungen und in schwierigem Gelände bravourös bewährt.
Dank weitgehender Automatisierung ist die Bedienung einfach, in wenigen Wochen erlernbar und erfordert keine fliegerischen Vorkenntnisse. Alle Systemkomponenten sind in kleinen Fahrzeugen beziehungsweise mobilen Containern transportierbar (auch mit Transporthubschraubern) und können von wenigen Personen einsatzbereit gemacht werden.
Als leichter Hochleistungs-Motorsegler konstruiert und aus Glasfaser-Verbundwerkstoffen gebaut, erreicht die Drohne lange Flugzeiten. Sie fliegt geräuscharm, hat geringe IR- und Radarsignaturen und ist folglich vom Gegner kaum zu erkennen. Eine Besonderheit der Drohne ist ihre Fähigkeit zu antriebslosen Gleitflügen und zum Wiederanlassen des Motors im Fluge. Gewonnene Aufklärungsinformationen sendet die Drohne in Echtzeit über eine Mikrowellen-Richtfunkverbindung zur Bodenstation.
Die Drohne fliegt vollautomatisch über 3D-Wegpunkte oder ferngesteuert, dennoch kann

LUNA im Flug. (Foto: Bundeswehr/Mediendatenbank)

ihr Flugprogramm während des Fluges korrigiert werden. Gestützt auf digitale 3D-Landkarten wird ihr Kurs ständig durch ein autonomes Gelände- und Hindernis-Kollisionswarnsystem überwacht.
Auf Grund ihrer Segelflugeigenschaften sowie eines Fallschirmauslöse- und -landesystems ist ihre Absturzsicherheit sehr hoch.
Bedeutsam ist, dass LUNA bei Aufklärungs- und Überwachungsmissionen nicht auf elektro-optische Kamerasysteme beschränkt ist, sondern dank dem modularen Nutzlastkonzept jederzeit mit den modernsten Nutzlastkomponenten nachgerüstet werden kann – beispielsweise Bodenradar mit Seitensicht-Betriebsart, hochauflösenden Foto- oder Videokameras, Funkrelais, meteorologischen Geräten, Laser-Zielbeleuchter, Geräte zur Elektronische Kampfführung bis hin zu Sensoren für radioaktive Kontamination.
Die Drohne ist pistenunabhängig. Ihr Start erfolgt mittels leichtem, geräuschlosen funktionierenden, zum Transport zusammenlegbaren Seilfederkatapult. Die Landung geschieht in einem Netz mit autonomem Landeanflug via Differential-GPS oder – ebenfalls autonom – per Fallschirm.
Der modulare Aufbau der Bodenstation erlaubt ihre Integration in mehrere Fahrzeuge und Container. Ihre Arbeitsplätze sind mit hochauflösenden Farbbildschirmen für Bildauswertung in Echtzeit, Einsatzplanung und Überwachung der Drohnen ausgestattet sind. Zur Einsatzplanung können digitale Karten oder hochauflösende Luft- und Satellitenbilder genutzt werden. Zur Nachflugauswertung, Simulation und Schulung ermöglichen die Bodenstationen das wiederholte Abspielen kompletter Einsatzflüge.
Die Drohne ist 2,36 m lang, 0,87 m hoch und hat 4,17 m Spannweite. Ihre Höchststartmasse beträgt 40 kg. Als Antrieb wählte EMT einen Zwei-Zylinder, Zweitakt-Einspritzmotor mit 24 kW (33 PS), Stromversorgung durch akkugepufferten Generator. Mit ihrer typischen Aufklärungsgeschwindigkeit von 70 km/h

(Höchstgeschwindigkeit 160 km/h), besitzt die Drohne bis 3500 m (ISA) Höhe gemäß der militärischen Musterzulassung Kategorie 2 die Verkehrszulassung für Flüge außerhalb von Sperrgebieten und über dünnbesiedelten Regionen. Damit ist allerdings ein Einsatz im normalen Luftverkehr nicht zulässig. Abhängig von Nutzlast und Einsatzprofil beträgt die Flugdauer sechs bis acht Stunden.
Avionik, Autopilot und Fluggeräte-Systemmanagement sind voll digitalisiert. Das Sensormodul verfügt über Lagekreisel, Drehsensoren,

Afghanistan 18. August 2009: LUNA startklar auf Seilfederkatapult. (Foto: EMT Ingenieurgesellschaft)

Magnetkompass, Luftwertesensoren und Beschleunigungsmesser.
Als Aufklärungssensoren dienen eine Farbvideo CCD-Kamera für die Sicht des »Piloten«, eine 3-Achsen stabilisierte schwenkbare modulare Sensorplattform als Standardplattform: Vier abwärts blickende Farbvideo-Kameras. Die Standardplattform kann mit optionalen Sensoren ausgerüstet werden; beispielsweise Wärmebild-Videokamera (IR mittlerer Wellenlänge), Nahe-IR Video (Zoom) CCD Kameras, Monitorkamera für Tragflächenvereisung. Die Datenverbindung umfasst eine Duplex-Mikrowellenverbindung (C-Band), Richtantennen in Drohne und Bodenstation. Uplink für Steuerbefehle zur Kurskorrektur, Downlink für Übertragung von Videosignalen und Systemdaten in Echtzeit. Abhängig von der direkten Sichtlinie (Line of Sight) hat die Datenverbindung mehr als 100 km Reichweite.
Neben der Bundeswehr wird das LUNA-System auch von Pakistan eingesetzt, um schwer zugängliche Gebiete im Nordwesten des Landes zu überwachen.

MIKADO (AR 100-B)

MIKADO steht für »Mikroaufklärungsdrohne für den Ortsbereich«. Gemäß dem modernsten Stand der Miniaturisierungstechnik wurde dieses Mikroaufklärungssystem von der im westfälischen Arnsberg ansässigen Firma AirRobot als AR 100-B entwickelt. Von der Bundeswehr als MIKADO beschafft, gilt das leichte und robuste »kleine Auge des Heeres« als vielseitiges modernes Aufklärungssystem.

Das Fluggerät ist als 4-Rotor-Hubschrauber konstruiert, startet und landet senkrecht und wird im urbanen Umfeld – und sogar in Gebäuden und Höhlen – kamerabestückt eingesetzt, um Personen, Waffen/Sperren, Fahrzeuge und sonstige Objekte zu orten und zu identifizieren. In unübersichtlichem Gelände kann der ferngesteuerte Hubschrauber Patrouillenführer in unübersichtlichen Situationen vor unliebsamen, lebensbedrohenden Überraschungen warnen und Duellsituationen vermeiden helfen.

MIKADO liefert aus dem Ortsbereich im Umkreis von rund 500 m in Echtzeit ein aktuelles Lagebild und bietet die Möglichkeit, unverzüglich auf Bedrohungen zu reagieren und den Gegner präzise zu bekämpfen.

Von nur einem Soldaten bedient, ist die Drohne in kürzester Zeit einsatzbereit und dank ihren geräuscharmen Elektromotoren vom Gegner kaum zu orten. Die Flugsteuerung erfolgt mittels PC oder Videobrille. Im Schwebeflug kann die Drohne autonom GPS-gestützt oder ferngesteuert am Ort gehalten werden.

Ende 2006 stellte die Bundeswehr ihre ersten MIKADO-Systeme in Dienst. Von AirRobot für europäische Verhältnisse geschaffen, erkannten die deutschen Soldaten in Afghanistan sehr bald, dass das System unter den dortigen Einsatzbedingungen nicht genügte. Die logische Konsequenz war, MIKADO der zweiten und

dritten Produktionsserie in wüstenähnlichem Klima zu testen. Die Wahl für diese Einsatzprüfung fiel auf Woomera in Australien. In der dortigen Gluthitze konnten Anfang 2010 alle Mängel erkannt und behoben und MIKADOs generelle Einsatzbereitschaft für die aktuellen Einsatzszenarien der Bundeswehr festgestellt werden.

MIKADO hat 1 m Durchmesser, wiegt rund 1,3 kg, erreicht 12 m/s Höchstgeschwindigkeit und das Windlast-Limit beträgt 8 m/s.

MIKADO-Drohne im Schwebeflug. (Foto: Bundeswehr/Mediendatenbank; aufgenommen 1. Juli 2008)

Vier bürstenlose/getriebelose Elektromotoren verleihen rund 25 Minuten Flugdauer, bei analogem Videosignal rund 500 m Reichweite und 1000 m Flughöhe. Datenübertragung und Steuerung erfolgen in Echtzeit per Funk oder per Lichtwellenleiter, wahlweise analog oder digital Video.

Das Nutzlastkonzept ist flexibel und ermöglicht die Verwendung von Tageslichtkamera, Dämmerungskamera, IR-Kamera, 10-Mega-Pixel Digitalkamera mit Video, HD-Videokamera und Gassensoren.

Bei den Funktionalitäten ist bemerkenswert: automatische Lage- und Höhenregelung, automatische Richtungshaltung und Positionierung (GPS oder OPS), automatische Landung bei schwacher Akku-Leistung, GPS-Wegepunkt-Navigation (wahlweise), automatische Heimkehr und automatische Landung bei Verlust der Funkverbindung, automatische Rückkehrfunktion, Einrichtung eines vorgegebenen Funkraums (virtueller »GPS-Käfig«).

Mosquito

Mit Mosquito fertigt Israel Aerospace Industries (IAI) ein Mikroaufklärungssystem. Von Hand oder mittels handgehaltenem hydraulisch betätigten Katapult gestartet, operiert dieser Winzling in Höhen von knapp 50 m und ist ideal geeignet für Einsätze in schwer zugänglichem, unübersichtlichem Gelände. 2003 wurde Mosquito 2005 der Öffentlichkeit vorgestellt und im September 2009 von den israelischen Streitkräften in Dienst gestellt.
Zur Missionsplanung werden digitalisierte Landkarten auf PC-Monitor verwendet. Der Einsatzflug erfolgt auf vorprogrammierten Profilen über GPS-Wegpunkte. Nach beendeter Mission landet Mosquito auf Kufen oder gleitet am Fallschirm zu Boden.
Mosquito trägt eine miniaturisierte, kardanisch gelagerte rollstabilisierte Videokamera. Bei 3 km Reichweite kann das Fluggerät bei offiziell nur rund 40 Minuten Flugdauer ein Gelände von rund einem Quadratkilometer erkunden. Hochauflösende Bilder werden über eine satellitengestützte Datenverbindung in Echtzeit an eine Bodenstation übermittelt. Als Antrieb wählte IAI einen Elektromotor mit wiederaufladbaren Lithium-Polymer-Akkumulatoren. Die Patrouillengeschwindigkeit beträgt 60 km/h, die Höchstgeschwindigkeit 110 km/h. Länge und Spannweite des Fluggerätes sind mit je 0,35 m identisch. Das Flugwerk ist aus Verbundwerkstoffen gefertigt, sodass die Startmasse nur 0,5 kg (Leermasse 0,25 kg) beträgt. Die Zuladung beträgt maximal 150 Gramm.
Ein Mosquito-System umfasst zwei Drohnen, Ersatz-Akkus, drei Startkanister (für das Katapult) und die Kommunikationsausstattung.

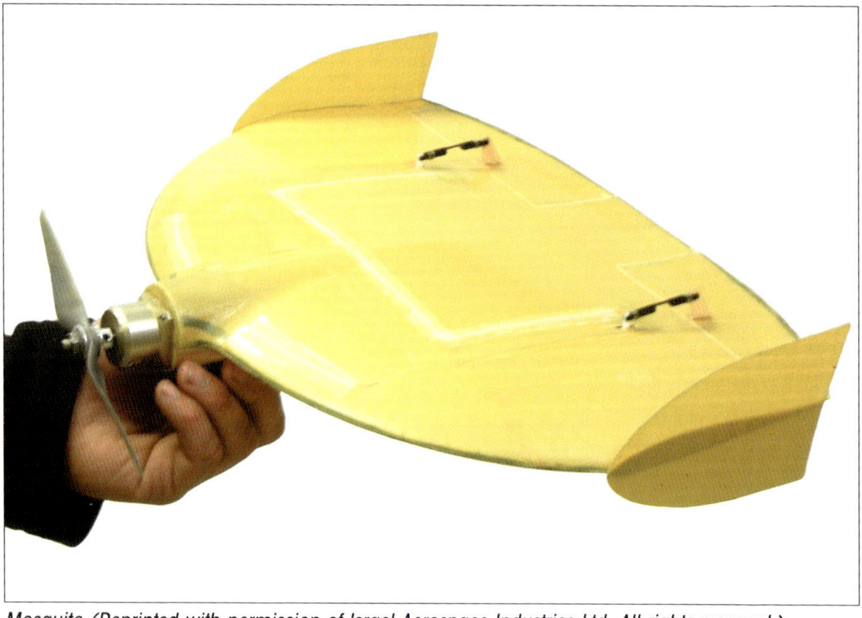

Mosquito (Reprinted with permission of Israel Aerospace Industries Ltd. All rights reserved.)

MUSECO

In Kooperation mit SWISS UAV entwickelt das Systemhaus EMT das Luftaufklärungs- und Überwachungssystem MUSECO (MUlti SEnsor COpter). Für senkrechte Starts und Landungen geschaffen, bietet MUSECO eine zusätzliche Plattformoption zum Betrieb des bewährten Drohnensystems LUNA. Dabei würde es die Kombination von Starr- und Drehflügler ermöglichen, die sich wechselseitig ergänzenden Vorzüge beider Systeme – Flugdauer und Schwebeflug – im LUNA-System zu vereinen. Test- und Demonstrationsflügen verliefen erfolgreich.
Leistungsfähig und einfach zu bedienen, kombiniert MUSECO die Avionik des Starrflüglers LUNA mit dem innovativen Konzept des Drehflüglers und bietet vielseitige Einsatzmöglichkeiten für vollautomatische Aufklärung und Überwachung bei Tag und Nacht (vom Start bis zur Landung).
Das Fluggerät ist eine robuste Karbon-Aluminium-Konstruktion. Der Dreiblatt-Hauptrotor hat 3 m Durchmesser, während der Rumpf 2,75 m lang, 0,95 m hoch und 0,86 m breit ist. Die Höchststartmasse liegt bei 75 kg, die Nutzlastkapazität bei 25 kg. Der Diesel-Einspritzmotor leistet 14 kW (19 PS).
Modular und kompakt konzipiert, ist die Bodenstation einfach zu integrieren. Sie bietet mehrere Arbeitsplätze für Bildauswertung in Echtzeit, 3-D-Einsatzplanung und Überwachung der Drohne im Flug und ist in C4I-Verbund (Führung, Kontrolle, Kommunikation, Computer und Aufklärung) integrierbar. Gemäß dem Informationsstand vom Herbst 2011 bietet das MUSECO-System bei sechs Stunden Einsatzdauer 200 km Reichweite und 3050 m Dienstgipfelhöhe. Die Geschwindigkeit schwankt zwischen 100 und 180 km/h.

Fluggerät MUSECO. (Foto: EMT Ingenieurgesellschaft)

Nano Hummingbird

Mitte Februar 2011 trat AeroVironment, Inc. (Avinc) wieder einmal ins Scheinwerferlicht der Weltöffentlichkeit und öffnete das Tor für eine neue Generation von unbemannten und vogelähnlichen Fluggeräten. Im Auftrag der DARPA hatte Avinc 2005 mit der Entwicklung eines NANO-Flugsystems begonnen und sich damit einer Herausforderung gestellt, die an die Grenzen der Aerodynamik stieß. Was dann im Februar 2011 enthüllt wurde, war ein mechanischer Vogel als Kameraplattform mit eigener Energiequelle! Getauft Hummingbird (Deutsch: Kolibri), bewegt sich dieser nur knapp 19 Gramm wiegende »Vogel« mit flatternden Flügeln in alle Richtungen und kann sogar in der Luft stehen bleiben! Seine Bordkamera überträgt Bilder in Echtzeit.

Dieser Winzling inspiziert Hauswände inspizieren, dringt durch offene Fenster und Türen in Gebäude ein und kann zum »Piloten« zurückkehren.

Als das Fluggerät enthüllt wurde, betrug seine Flugdauer nur knapp acht Minuten und entsprechend kurz war auch die Reichweite bei fast 18 km/h Höchstgeschwindigkeit. Auf der Grundlage miniaturisierter Antriebs- und Kamerasysteme leistungsgesteigert und seriengefertigt, wäre dieser Kolibri der ideale Spion für den Nahbereich. Ein Geschenk des Himmels bei Katastrophen auch für Rettungskräfte auf der Suche nach Verschütteten oder zur Inspizierung kontaminierter Atommeiler.

Ferngesteuert und von seinem batteriegespeisten Elektromotor angetrieben, bewegt sich »Nano Hummingbird« fast lautlos und mit flatternden Flügeln (Spannweite nur 16 cm!) einem natürlichen Vogel täuschend ähnlich.

Nano Hummingbird (Foto: Courtesy AeroVironment, Inc.)

Neptune RQ-15

1968 als Diagnostic/Retrieval Systems gegründet, ist DRS seit Oktober 2008 eine Tochter des italienischen Konzerns Finmeccanica.
Zu den von DRS entwickelten Drohnensystemen gehört auch die Aufklärungsdrohne Neptune RQ-15. Auffällig sind der breite Rumpf und das Doppelleitwerk. Zum Schutz vor Seewasser ist der Einreihenkolbenmotor (Zweitakter, 11 kW/15 PS) auf dem Heck montiert. Der Transportbehälter (1,83 m lang, 0,76 cm breit, 0,51 cm hoch) dient auch als Startrampe. In wenigen Minuten startklar, wird Neptune von einem Druckluft-Katapult oder von größeren Fahrzeugen in die Luft geschleudert. Die Landung erfolgt per Fallschirm; auf Land auch pistenunabhängig per Kufenfahrwerk. Traditionell mit elektro-optischen Sensoren, ist Neptune serienmäßig auch für ISR-Missionen bei Tag und Nacht ausgestattet. Die Nutzlast ist im Unterrumpf in einem mit Schieber verschlossenen Schacht untergebracht. Zum Einsatz wird dieser Schieber geöffnet und der Nutzlastbehälter nach unten ausgefahren.
Zwei Flugprofile mit je 100 Wegpunkten erlauben vollautomatische oder halbautomatische Missionen. Neptune kann aber auch manuell operieren. Navigiert wird über GPS und TNS (Trägheitsnavigationssystem). Die Bodenkontrollstation ist leicht und robust konstruiert. Die Drohne ist 1,80 m lang, 0,50 m breit und hat 2,40 m Spannweite. Ihre Leermasse beträgt 51 kg, die Starthöchstmasse 65,77 kg und die Nutzlast 9,07 kg.
Die Dienstgipfelhöhe beträgt rund 2440 m, die Flugdauer drei Stunden. Bei fast 100 km Reichweite, operiert die Drohne mit 165 km/h Höchst- und 130 km/h Patrouillengeschwindigkeit.

Drohne Neptune im Flug, unter dem Rumpf der ausgefahrene Nutzlastträger. (Foto: DRS Technologies, Inc.)

Neuron (nEUROn)

Unter Führung der Rüstungsabteilung des französischen Verteidigungsministeriums (Hauptauftragnehmer Dassault) seit 1999 entwickelt, fertigen Unternehmen aus sechs europäischen Ländern (deshalb auch als »nEUROn« bekannt) den unbemannten Kampfjet Neuron. Unter Nutzung der Stealth-Technologie konstruiert, wird seine Radarrückstrahlfläche so klein und die Wärmeabstrahlung der Triebwerke so gering erscheinen, dass das Fluggerät für gegnerische Radar- und Abwehrsysteme »fast« unsichtbar bleiben wird.
Offizielles Ziel des Neuron-Projektes ist die Erforschung unbemannter Technologien für die strategischen Anforderungen des 21. Jahrhunderts. Nachdem Anfang 2011 mit der Endmontage des ersten Prototypen begonnen werden konnte, wird der Jungfernflug dieses Technologieträgers für Mitte 2012 angepeilt. Im Rahmen der Flugerprobung in Frankreich, Italien und Schweden sind auch Luft-Boden-Einsätze (einschließlich präzisionsgelenkte Bombenabwürfe) geplant. An eine Serienfertigung ist angeblich nicht gedacht.
Bei einer (geplanten) Länge von 9,30 m und 12,50 m Spannweite, erscheint eine zumindest äußerliche Verwandtschaft mit dem amerikanischen strategischen Tarnkappenbomber B-2A Spirit unübersehbar. Als Nurflügler konstruiert, fehlen Seiten- und Höhenleitwerk, sodass Neuron mit einem ausgeklügelten Klappensystem gesteuert wird. Der Lufteinlauf des Mantelstromtriebwerks ist auf dem Oberrumpf angeordnet. Die Leermasse soll rund 4900 kg, die Starthöchstmasse rund 6500 kg betragen. Angetrieben von einem Mantelstromtriebwerk RRTM Adour Mk951 soll Neuron in Geschwindigkeitsbereichen von Mach 0,8+ operieren. Als Einsatzflugdauer sind rund drei Stunden geplant.

Oben: Neuron (nEUROn) (Zeichnung: Dassault Aviation – M. Alleaume)

Rechts: Endmontage des Neuron-Technologieträgers in Istres bei Dassault Aviation. (Foto: Dassault Aviation – S. Randé; aufgenommen 30. Mai 2011)

Nibbio

Aufbauend auf dem Konzept und den positiven Erfahrungen (NATO-zertifizierte Einsatzzuverlässigkeit 98 Prozent!) mit der Zieldarstellungsdrohne Mirach 100/5 entwickelte und fertigt SELEX Galileo – Italiens Spezialist für unbemannte Fluggeräte – den taktischen Aufklärer Nibbio. Ihren Namen verdankt die Drohne dem Tagraubvogel Milan (ital.: Nibbio), dessen auffällig gegabelter Schwanz der Heckkonstruktion der Nibbio ähnelt. Das V-förmige Seitenleitwerk ist – wie Bauchflossen – am unteren Heckrumpf angeordnet. Der Rumpf ist modular und wartungsfreundlich konstruiert.
Die Entscheidung, die Zieldarstellungsdrohne als Basis für Nibbio zu verwenden, erklärt sich unter anderem dadurch, dass die Zieldarstellungsdrohne bereits einen Einbauraum besaß, der für taktische Aufklärungs- und Kampfeinsätze mit Sensoren und Kampfmitteln bestückt werden kann. Denn bei ihren Vorstößen tief ins gegnerische Hinterland zur Aufklärung von stark verteidigten, bedrohlichen Feindobjekten (z. B. Radarstationen, FlaRak-Systeme) muss Nibbio schnell sein und möglichst unentdeckt bleiben. In ihrem Nutzlastschacht (Kapazität max. 70 kg) können deshalb neben TV-Kameras und IR-Scannern zur optischen Aufklärung sowie elektronische Überwachungssysteme, Bodenradar mit Seitensicht-Betriebsart und SIGINT-Systeme, sondern zum Selbstschutz beispielsweise Düppel-/Täuschkör-

Drohne Nibbio. (Foto: SELEX Galileo)

Raketenstart einer Mirach-Zieldarstellungsdrohne. (Foto: SELEX Galileo)

perwerfer und Störsysteme installiert. Für maritime Operationen kann ein Seeraumüberwachungsradar und im Katastrophenfall ABC-Sensoren eingebaut werden. Die Radar- und Wärmerückstrahlfläche der Drohne ist gering, sie fliegt im hohen Unterschallbereich und ist außerordentlich wendig (Belastungswerte bis 6 g!) – all dies schützt vor Entdeckung und gegnerischen Abwehrmaßnahmen. Die Übertragung der gewonnenen Daten in Echtzeit kann über Distanzen bis 150 km erfolgen. Als maximale Einsatzreichweite nennt SELEX Galileo 400 km, bei Flughöhen von 5000 bis 12500 m und Mach 0,84 Höchstgeschwindigkeit. Die Drohne ist allwetterfähig und kann mit zwei Starthilfsraketen von Flugzeugen, schiffsgestützt oder von mobilen Bodenplattformen eingesetzt werden. Nach beendetem Einsatz geht sie per Fallschirm zu Boden oder macht eine Bauchlandung, wobei Nutzlasten und Struktur durch Luftkissen (wichtig auch bei Seelandungen) vor Beschädigungen geschützt werden. Nibbio operiert selbstzielsuchend (Launch and Forget) vollautomatisch auf vorprogrammierten Flugprofilen. Kursangaben sowie die Nutzlastfunktionen werden vor dem Start in die Bordsysteme eingegeben. Die Drohne ist 4,10 m lang und 0,90 m hoch. Sie hat 2,30 m Spannweite und ihr Rumpf einen Durchmesser von 0,40 m. Die Starthöchstmasse beträgt 360 kg.

NightEagle

Im September 2010 meldete Insitu die uneingeschränkte Einsatzfähigkeit des NightEagle-Systems. NightEagle ist eine speziell für Nachteinsätze geschaffene Weiterentwicklung der bewährten ScanEagle. Wie Integrator und ScanEagle, wurde NightEagle nicht nur für ISR-, sondern auch für zivile Aufgaben konstruiert. Sie dienen im Grenz- und Küstenschutz, zur Verbrechensbekämpfung, überwachen große Waldgebiete, klären bei Katastrophen auf, kartographieren und vermessen Gelände, überwachen Pipelines und erfüllen Aufgaben, die für °menschliche« Piloten zu monoton oder zu gefährlich sind. Navigiert wird über GPS/INS-Systeme. Äußerlich unterscheidet sich NightEagle von ScanEagle durch die größere Bugsektion und das Seitenleitwerk auf dem Heckrumpf.

Im militärischen Einsatz kann eine ScanEagle in nur zwei bis drei Stunden zur NightEagle umgerüstet werden. Wie Insitus Integrator und ScanEagle, wird auch NightEagle per Katapult gestartet und nach beendeter Mission mit dem Skyhook-System »eingefangen«, wobei sie gegen ein senkrecht gespanntes, 15 m langes Seil fliegt. Über die gepfeilten Flügel gleitet dieses Seil zu den Flügelohren und rastet dort in ein Hakensystem ein. Der Kran des Skyhook-Systems wird – auch er GPS-gesteuert – so geführt, dass sich Drohnenflügel und Fangseil treffen.

Seit Mitte 2009 sind verbesserte und leistungsgesteigerte Katapulte im Einsatz, sodass NightEagle mit größerer Nutzlast auch bei schlechter Sicht gestartet und in große Höhen geschleudert werden können.

Durch Nutzung des mittleren Infrarotspektrums (Wellenlängen von 3 bis 8 µm) liefert NightEagle bei Nacht und schlechtem Wetter hochwertiges Bildmaterial in Taglichtqualität und dies aus großer Entfernung sogar bei Sandstürmen! Der leise Zweitakt-Motor bietet eine geringe Geräuschsignatur, leistet 1,4 kW (1,9 PS) und kann mit Benzin und Dieselkraftstoff betrieben werden. Ein Transponder

NightEagle klar zum Katapultstart (Photo provided courtesy of Insitu, Inc.; aufgenommen 2. Nov. 2009)

NightEagle startklar, im Hintergrund das Bergesystem »Skyhook«. (Photo provided courtesy of Insitu, Inc.; aufgenommen 21. April 2010)

ohne Höhenkennung erkennt und warnt vor gegnerischen Fluggeräten und sendet Informationen/Bilder an die Bodenkontrollstation. Klein und leise, ist NightEagle vom Gegner nur schwierig zu orten.
Allwetterfähig, pistenunabhängig und auch für schiffsgestützte Einsätze verwendbar, hat sich das NightEagle-System in Kampfeinsätzen bewährt. Ein System umfasst eine oder mehr Drohnen, ein druckluftbetätigtes Katapult, ein Skyhook-Bergesystem sowie eine Bodenkontrollstation.
Die NightEagle-Drohne hat 3,19 m Spannweite und 1,64 m Länge. Ihre Leermasse beträgt 16 kg, das Starthöchstgewicht 22 kg. Im Horizontalflug erreicht sie maximal 150 km/h und 90 km/h Marschgeschwindigkeit. Als Dienstgipfelhöhe nennt Insitu 5944 m und (bei Verwendung des leistungsgesteigerten Katapults) eine Flugdauer von mehr als 18 Stunden.

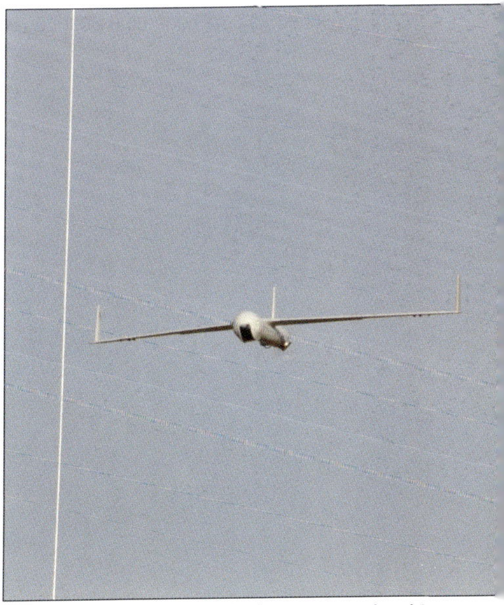

Achtung! Gleich wird die Drohne vom senkrecht gespannten Seil des »Skyhook«-Systems eingefangen. (Photo provided courtesy of Insitu, Inc.; aufgenommen 21. April 2010)

Orbiter

Orbiter I. Die Drohne hat 2,20 m Spannweite, 7 kg Höchststartmasse, 30 km Reichweite und drei Stunden Flugdauer. Geschwindigkeit und Dienstgipfelhöhe sind identisch mit Orbiter II und Orbiter III. (Foto: Aeronautics Ltd.)

Mit dem taktischen Mini-System Orbiter schuf Israels Aeronautics Ltd. eine Familie von unbemannten Fluggeräten, die sich nicht nur bei den israelischen Streitkräften, sondern auch bei militärischen und/oder zivilen Betreibern in Aserbeidschan, Irland, Mexiko, Polen und Serbien bewährt haben. Speziell für Zielidentifizierung, Artilleriefeuerlenkung und Schadensermittlung entwickelt, ist Orbiter dank mehrstündiger Einsatzdauer auch für ISTAR-Missionen (Nachrichtengewinnung, Überwachung, Zielentdeckung und Aufklärung) im Nahbereich und im urbanen Umfeld, beziehungsweise in unübersichtlichem Gelände optimal geeignet. Angeblich sollen Orbiter-Drohnen auch mit Luft-Boden-Waffen bestückt werden können. Zusammen mit einer Bodenkontrollstation (einem PC mit Monitor ähnlich) und Antenne in einem Rucksack verpackt, ist das System von einer Person leicht zu transportieren. Montage und Demontage erfordern nur rund zehn Minuten. Katapultgestartet (auch von Fahrzeugen und Spezialtrailer möglich), wird die Drohne im Fluge vom Bediener mit Hilfe der Bordkamera gesteuert. Die Landung erfolgt per Fallschirm, wobei ein Luftkissen Drohne und Nutzlast vor Beschädigungen schützt; es können aber auch mobile Bergenetze verwendet werden.

Auffällig sind die gepfeilten Flügel der Drohne mit großen, hochgezogenen Flügelenden. Weitere charakteristische Merkmale des Orbiter-Systems sind der bürstenlose, im Heckrumpf angeordnete Elektromotor mit Druck-Luftschraube, moderne Avionik, Nutzlast (kreiselstabilisiert) gemäß dem neuesten

Orbiter startklar. (Foto: Aeronautics Ltd.)

Orbiter III; im Gegensatz zur Orbiter I mit abgewinkelten Flügelenden. (Foto: Aeronautics Ltd.)

Stand der Technik, Bildübertragung in höchster Qualität, fortschrittliche Datenverbindung, navigiert wird via GPS und TNS (Trägheitsnavigation), die Bedienung ist leicht erlernbar und erfordert keinerlei fliegerische Vorbildung. Vom Einsatz zurückgekehrt und sicher gelandet, ist die Drohne schnell wieder startbereit. Orbiter operiert leise und ist vom Gegner nur schwer zu entdecken.

Die Orbiter-Familie ist kampferprobt und zuverlässig und umfasst Orbiter I, Orbiter II und Orbiter III. Die größte, schwerste und leistungsfähigste Variante – Orbiter III – hat 3,60 m Spannweite und 20 kg Höchststartmasse. Abhängig von ihrer Nutzlast hat sie eine Reichweite von mehr als 100 km und eine Einsatzflugdauer von sieben Stunden und operiert mit 56 bis 131 km/h. Ihre Dienstgipfelhöhe beträgt rund 5500 m.

Orbiter landet per Fallschirm. (Foto: Aeronautics Ltd.)

Panther & Mini Panther

Am 5. Oktober 2010 enthüllte IAI die Panther-Familie. Bei diesen Fluggeräten verbanden ihre Techniker der IAI die Flugeigenschaften von Starr- und Drehflüglern zum Kipprotorkonzept. Dank dieser Technik sind Panther-Drohnen pistenunabhängig, denn als Kippflügler konstruiert, können sie senkrecht starten, punktgenau landen und die hohe Geschwindigkeit eines Flugzeuges mit den Schwebeflugeigenschaften des Hubschraubers verbinden.
Von den drei ultra-leisen Elektromotoren des Panther sind zwei so gelagert, dass sie während des Fluges aufwärts schwenkbar sind und ihr die Eigenschaften eines Drehflüglers verleihen. Die Luftschraube des auf dem Heckrumpf gelagerten dritten Motors liefert zusätzlichen Auftrieb im Schwebeflug, bei Senkrechtstart und -landung. Der Übergang (Transitionsphase) vom Senkrecht- in den Horizontalflug und umgekehrt wird automatisch geregelt.

Panther im Horizontalflug.

Ein Panther-System besteht aus zwei Drohnen und der Bodenkontrollstation. Letztere ist mit zwei Soldaten besetzt: Einer »fliegt« und beobachtet die taktische Lage, der zweite »managed« die Station.
Zum automatischen Start beziehungsweise zur Landung der Drohne genügt ein Mausklick auf der Bedienerkonsole, während das automatische Flugkontrollsystem die Transitionsphase vom Senkrechtstart in den Vorwärtsflug und umgekehrt steuert.
Als Nutzlast ist IAIs »Mini-POP« (ein elektrooptisches und IR-Kamerasystem) sowie eine Kamera mit Laser-E-Messer, -Zielorter oder -Zielmarkierer installiert. Wegen ihrer Flugeigenschaften und niedrigen Geräuschsignatur gilt die Panther-Drohne als ideale Plattform für ISTAR-Einsätze.
Die Panther-Drohne hat 60 km Reichweite. Sie kann bis zu sechs Stunden im Einsatz bleiben (Patrouillengeschwindigkeit 74 km/h) und

Panther mit aufwärts geschwenkten Motoren/Luftschrauben für Senkrechtstart und -landung beziehungsweise Schwebeflug. Auf dem Heckrumpf die Luftschraube des dritten Motors. Deutlich sichtbar auch die Leitwerk-Konstruktion. (Alle Bilder: Reprinted with permission of Israel Aerospace Industries Ltd. All rights reserved.)

Mini Panther startklar zum Horizontalflug.

Mini Panther im Schwebeflug mit aufwärts geschwenkten Motoren/Luftschrauben.

operiert in bis zu 900 m Höhe. Ihre Höchststartmasse beträgt 65 kg, die Nutzlast maximal 10 kg. Die Spannweite wird mit 8 m angegeben.
Als zweites Familienmitglied entwickelte IAI den Mini-Panther mit einem Einsatzradius von nur 20 km und zwei Stunden Flugdauer. Ihre Einsatzflughöhe beträgt rund 450 m, die Patrouillengeschwindigkeit 55 bis 74 km/h. Die Höchststartmasse wird von IAI mit 12 kg, die maximale Nutzlast mit 2 kg und die Spannweite mit 3,50 m angegeben.

ParaLander

18. März 2011. Cassidian meldet: Das Lasten-Gleitfallschirmsystem ParaLander ist von der Wehrtechnischen Dienststelle 61 für den operationellen Einsatz zugelassen worden. ParaLander gilt als unbemanntes Luftfahrzeug der Kategorie I und ist für Einsätze in Sperrgebieten auch im Friedensflugbetrieb freigegeben.

ParaLander gilt als das weltweit einzige marktverfügbare System, das eine punktgenaue Lieferung von sensiblen Missionsausrüstungen, humanitären Hilfsgütern und Versorgungslieferungen vollautomatisch aus der Luft ohne Beschädigungen sicherstellen kann. Im Rahmen eines einsatzbedingten Sofortbedarfs hatte die Bundeswehr Mitte 2011 bereits fünf Systeme beschafft, die für Einsätze in Afghanistan bereitgestellt werden sollen; die Beschaffung weiterer ParaLander ist geplant.

Das ParaLander-System ist eine modulare Einheit und besteht aus einem Gleitfallschirm und der Steuereinheit, die mit der Nutzlast verzurrt werden, sowie einem Missionsplanungssystem. Nach dem Absetzen aus dem Flugzeug lenkt die Steuereinheit mittels Servomotoren den Gleitfallschirm nebst untergehängter Nutzlast GPS-gestützt ins vorgegebene Zielgebiet.

Die Steuerkommandos werden über die Servomotoren an die Steuerleinen des Gleitfallschirms weitergegeben. Das rechtzeitige Abfangen der Last kurz vor dem Aufsetzen am Boden überwacht und sichert ein Laser-Höhenmesser. Er leitet rechtzeitig vor dem Auf-

System ParaLander mit Nutzlast bereit zur Verladung an Bord einer C160 Transall. (Foto: Cassidian; aufgenommen 15. März 2011)

System ParaLander nach dem Absetzen in der Luft mit untergehängter Nutzlast. (Foto: Cassidian; aufgenommen 16. Juli 2008)

setzen der Nutzlast ein Abfangmanöver ein, das den Gleitfallschirm bremst und eine sanfte Landung gewährleistet.
Das System ist zunächst für den Transport von 1000 kg Nutzlast, abgesetzt von Bord eines Transportflugzeuges C-160 Transall, vorgesehen. In der Planungs- und Entwicklungsphase sind bereits Varianten für 3000 kg und 6000 kg. Mittelfristig ist geplant, ParaLander auch über besiedelten Gebieten im Einsatz sowie von Bord des Airbus A400M einsetzen zu können. Abhängig vom Typ des absetzenden Luftfahrzeuges kann das ParaLander-System aus Höhen von bis zu 10000 m und über Entfernungen von bis zu 50 km genutzt werden.
ParaLander leistet einen wesentlichen Beitrag zur Versorgung von Truppen, die in Krisengebieten vom Nachschub abgeschnitten sind. Außerdem erhöht ParaLander die Sicherheit von Transportflugzeugbesatzungen, indem Nutzlasten außerhalb der Reichweite der meisten Luftverteidigungssysteme abgesetzt werden können.

Phantom Eye

Am 12. Juli 2010 enthüllte Boeing Defense, Space & Security den unbemannten, mit Wasserstoff betriebenen Höhenaufklärer Phantom Eye. Konstruiert für 280 km/h Marschgeschwindigkeit und 200 kg Nutzlast, soll er bis zu vier Tage in rund 20000 m Höhe operieren und Boeings militärischen und kommerziellen Kunden bis dato für unmöglich gehaltene Möglichkeiten eröffnen.
Charakteristisch für Phantom Eye ist der voluminöse, eiförmige Rumpf.
Als Antrieb wählte Boeing zwei 110 kW (150 PS) 2,3 Liter Ford-Vier-Zylinder-Ottomotoren mit Wasserstoffbetrieb. Die Flügel des Prototyps (Spannweite 45,50 m) stammen von Aurora Flight Sciences, während Ball Aerospace die Wasserstoffbehälter, Mahle Powertrain die Triebwerksteuerung und Turbosolution Engineering die Turbolader lieferte. Weitere Partner sind DARPA und NASA.
Die Spezialisten der Phantom Works sind überzeugt, mit Phantom Eye die Grundlage für ein System schaffen zu können, das mit vier Fluggeräten sieben Tage in der Woche und täglich 24 Stunden ganzjährig einsatzfähig wäre.
Trotz erfolgreicher Bodentests und Rollversuche wurde der Jungfernflug immer wieder verschoben und im November 2011 unter anderem damit begründet, dass das Wetter in der kalifornischen Wüste um diese Jahreszeit sehr unbeständig sei und man den einzig verfügbaren Prototypen nicht gefährden wolle.

12. Juli 2010. Präsentation des Höhenaufklärers Phantom Eye. Die beiden Motoren waren noch nicht montiert. (Foto: Copyright Boeing)

Phantom Ray

Mehr als zweieinhalb Jahre nach dem Programmstart, hob Phantom Ray am 27. April 2011 zum Erstflug ab. Sie ist als Tarnkappen-Kampfdrohne geplant und soll sogar einen Waffenschacht für eine Bombenlast von rund 2040 kg besitzen. Mit Phantom Ray will Boeing seine Fähigkeiten im Bereich unbemannte Flugsysteme demonstrieren, und hofft auf zukünftige Beschaffungsaufträge der US-Streitkräfte. Bis es soweit ist, muss Boeing das Projekt mit eigenen Mitteln finanzieren. Unter Berücksichtigung der Stealth-Technologie mit geringer Radar- und Wärmesignatur konstruiert, hat Phantom Ray fast die Abmessungen eines Kampfsjets. Mit 50,03 kN von einem Mantelstromtriebwerk F404-GE-102D angetrieben, sollen rund 1000 km/h und Einsatzhöhen vom rund 12000 m erreicht werden. Nach weiteren, bisher (Ende 2011) unbestätigten Meldungen ist Phantom Ray fast 11 m lang, hat rund 16550 kg Höchststartmasse und erreicht etwa Mach 0,8 Marschgeschwindigkeit. Als Einsatzradius sollen rund 1850 km geplant sein.

Beim Erstflug – er dauerte 17 Minuten – stieg Phantom Ray bis auf 2270 m, beschleunigte auf rund 330 km/h und landete nach einigen Flugmanövern sicher. Mit einem zweiten Flug setzte Boeing die Flugerprobung fort und hofft auf staatliche Finanzierung.

10. Mai 2010. Präsentation der Phantom Ray in St. Louis. (Foto: Copyright Boeing)

Pioneer

AAI Corporation, 1950 in Hunt Valley im US-Bundesstaat Maryland gegründet, gehört seit 2007 zum Mischkonzerns Textron und zählt inzwischen zu den führenden Unternehmen auf dem Gebiet der militärischen Flugroboter. Bereits 1985 hatte AAI die Bedeutung dieses zukunftsorientierten Marktes erkannt und entwickelte in enger Zusammenarbeit mit Israel Aircraft Industries als erstes Projekt das Drohnensystem Pioneer RQ-2.
Von der US Navy zur Artilleriefeuerleitung ihrer Schlachtschiffe beschafft, wurde Pioneer schon bald auch von anderen US-Teilstreitkräften als Aufklärungsdrohne eingesetzt. Seit 1990 hat Pioneer sich bei Kampfeinsätzen im Golfkrieg, in Bosnien/Kosovo und im Irak bewährt.
Von einem Katapult pneumatisch oder raketenunterstützt gestartet und nach beendetem Einsatz von einem Netz aufgefangen, ist sie ideal für schiffsgestützte Einsätze geeignet. Dank Bugradfahrwerk kann sie aber auch konventionell auf befestigten Pisten starten und landen. Ist die Piste zu kurz, kann mit Raketenunterstützung gestartet werden.
Ein Pioneer-System umfasst gewöhnlich bis zu

Pioneer bei der Landung. (Foto: AAI Corporation)

Start mit Raketenunterstützung. (Foto: AAI Corporation)

acht Drohnen, eine Bodenkontrollstation, ein Folgeradar, vier Empfangsstationen, bei landgestützten Einsätzen eine mobile Kontrollstation sowie – falls erforderlich – ein Startkatapult und ein Fangnetz.
Die Nutzlast besteht aus elektro-optischen und IR-Kameras vom Typ 12DS des kanadischen Kameraherstellers WESCAM. Die leichten und kompakten Kameras sind 4-Achsen stabilisiert auf einer schwenkbaren modularen Sensorplattform installiert. Die Bildübertragung in optimaler Qualität erfolgt in Echtzeit bei Tag und Nacht und jedem Wetter.
Zur Bedienung des Pioneer-Systems genügen zwei Personen, und zwar ein »Pilot« und ein Sensorbediener.
Die Drohne ist 4,30 m lang und hat 5,20 m Spannweite. Angetrieben von einem Kolbenmotor (19 kW/26 PS) erreicht sie 205 km/h Höchstgeschwindigkeit und 4600 m Dienstgipfelhöhe. Bei einer Tankkapazität von 46 Liter beträgt die Flugdauer vier Stunden.

Predator-Familie

Das Predator-System (deutsch: Raubvogel) ist in die MALE-Kategorie einzuordnen. Seine Grundformen RQ-1 und MQ-1 entsprechen zwar längst nicht mehr dem neuesten Stand der Technik, dennoch steht der Name dieses US-Klassikers in der Öffentlichkeit immer noch für »jagen und töten« aus der Luft. Die Geschichte des Predator reicht zurück bis in die 1980-er Jahre. Damals zeigte der Geheimdienst CIA Interesse an kostengünstigen Aufklärungsdrohnen und engagierte, Abraham Karem, ehemals Chefkonstrukteur der israelischen Luftwaffe. Anfang 1994 übernahm General Atomics das Steuer und präsentierte ein gutes Jahr später die erste Predator (RQ-1A).

Am 7. September 2000 startete der erste Predator zu einem Aufklärungsflug über Afghanistan. Beim Überfliegen eines Anwesens nahe Kandahar soll Osama Bin Laden damals zweifelsfrei erkannt worden sein. Forderungen enger Berater aus dem Umkreis des Weißen Hauses, Predator vom Aufklärer zur bewaffneten Kampfdrohne umzurüsten und Bin Laden gezielt unschädlich zu machen, fanden kein Gehör und wurden am 4. September 2001 zu den Akten gelegt. Begründung: Politische und militärische Verwicklungen, falls falsche Ziele getroffen würden.
Glücklicherweise ließen sich die Techniker und Ingenieure bei General Atomics von diesen politischen Bedenken nicht beirren und schufen Predator B. Von der USAF wird sie als MQ-9 Reaper (Sensenmann) betrieben. Seit Juni 2007 fliegt in Afghanistan auch die MQ-1C Gray Eagle, eine leistungs- und kampfwertgesteigerte MQ-1B Predator. Von der US Army beschafft, soll diese schlagkräftige, mehrrollenfähige Drohne auch dank größerer Reichweite primär die Luftnahunterstützung verbessern.

I-GNAT – bewährter, kampferprobter Vorläufer des Predator. (Photo Courtesy of General Atomics Aeronautical Systems, Inc. All Rights Reserved.)

Als erstes Mitglied der Predator-Familie konnte MQ-1 nicht nur aufklären, sondern erkannte und freigegebene Ziele auch direkt bekämpfen. (Photo Courtesy of General Atomics Aeronautical Systems, Inc. All Rights Reserved.)

Jüngstes Mitglied der Predator-Familie ist der Avenger (Rächer). Anfangs noch als Predator C bekannt, startete der »Rächer« im April 2009 zum Erstflug. Aufbauend auf der MQ-9 Reaper, wird er von einem Mantelstromtriebwerk angetrieben.
Alle Predator-Varianten können auf einem Fußballfeld starten und landen, sind dabei allerdings auf befestigte Pisten angewiesen. Im Einsatz besteht ein Waffensystem aus einer Bodenkontrollstation nebst Sende-/Empfangsstation, einer direkten Datenverbindung zu einem GPS-Satelliten sowie je einer UHF- Satcom-Verbindung (TV/IR-Video) und Ku-Band-Satellitenverbindung (TV/IR-Video, Radarbilder) und im Allgemeinen bis zu vier Fluggeräten. Aufgefangene Bilder und/oder Daten übermitteln die Fluggeräten in Echtzeit.
Es klingt makaber, aber rückblickend ist festzuhalten, dass erst der Schock des 11. September 2001 den Predator auf seinem Siegeszug beflügelte und es ohne Osama Bin Laden vermutlich nicht diese technischen Fortschritte dieses unbemannten Flugsystems gegeben hätte.

Inzwischen sind die Mitglieder der ständig verbesserten Predator-Familie dermaßen begehrt, dass General Atomics die Beschaffungsaufträge kaum erfüllen kann.

Die USAF betrieb Ende 2010 insgesamt fast 250 Predator der verschiedensten Varianten. In Afghanistan und im Irak gehören sie längst zum militärisch-operationellen »Alltag«. Offiziell ist Pakistans Luftraum für die amerikanischen Streitkräfte tabu, sodass alle dort operierenden Drohnen unter strengster Geheimhaltung vermutlich nur CIA-Befehlen gehorchen. »Geflogen« werden die Predator meistens über eine satellitengestützte Verbindung. Die nötige »Sicht« liefert dem »Piloten« eine Videokamera. Ein multispektraler Sensor identifiziert kleinste Objekte sogar noch aus Flughöhen von mehr als 3000 m und dient als Zielsystem für die mitgeführten Präzisionswaffen, während hochauflösende Radarbilder eine ständige Überwachung des Einsatzgebietes auch durch Wolken hindurch erlauben. Bei den Predator der USAF sitzt die »Besatzung«

meistens an Bildschirmkonsolen in den USA. Ist ein lohnendes Ziel erkannt, kommt der Tod per Knopfdruck. Standardbewaffnung der modernen Predator-Modelle sind GPS- und/oder lasergelenkte Bomben und bis zu 16 Luft-Boden-Flugkörper Hellfire. Der Himmel über Pakistan ist inzwischen dermaßen mit Drohnen gesättigt, dass die einheimischen Paschtunen die Fluggeräte wegen ihren leisen, aber eindringlich summenden Motoren »Wespen« nennen.

Unbemannte Fluggeräte des Typs Predator sind auch von den britischen Streitkräften beschafft worden.
Im September 2005 erhielt eine für die NASA entwickelte Version des Predator B mit größerer Spannweite von der US-Luftfahrtbehörde FAA als erstes unbemanntes Fluggerät eine Experimental-Zulassung. »Altair« besitzt ein Kollisionswarnsystem und bietet dank einer fehlertoleranten und doppelt ausgelegten Flugsteuerung sowie dreifach redundanter Avionik eine außerordentlich hohe Ausfallsicherheit.
Es kann nicht verwundern, dass zwischen dem Predator A MQ-1 und dem MQ-9 technisch betrachtet »Welten« liegen. War der MQ-1 noch 8,23 m lang und hatte 16,76 m Spannweite, so ist der MQ-9 mit 10,97 m nicht nur wesentlich länger, sondern hat auch eine bedeutend größere Spannweite (20,12 m). Erreichte der MQ-1, angetrieben von einem Rotax 914 Turbo mit 78,3 kW (106 PS), nur 220 km/h Höchstgeschwindigkeit, 7620 m Dienstgipfelhöhe und (dank 286 kg Kraftstoffzuladung) 40 Stunden Einsatzdauer, so operiert der MQ-9, angetrieben von einem bedeutend stärkeren Turboprop TPE331 (670 kW/ 912 PS), mit rund 450 km/h Höchstgeschwindigkeit, steigt auf über 15200 m Dienstgipfelhöhe und bleibt bis zu 30 Stunden patrouillierend auf Station. Konnte der MQ-1 intern noch 204 kg und extern 136 kg mitführen, so trägt der MQ-9 Nutzlasten von 363 kg intern und 1360 kg extern. Ähnlich unter-

Als umfassende Neuentwicklung der MQ-1 gilt die Predator B. Die MQ-9 Reaper (Sensenmann) genannte Drohne trägt nicht nur Aufklärungssensoren, sondern auch Waffen, und

zwar die zehnfache Kampflast des Predator-Ursprungsmodells. Statt des Dreiblattprops der Vorgängermodelle wird der »Sensenmann« von einem Vierblatt-Propeller angetrieben. (Photo Courtesy of General Atomics Aeronautical Systems, Inc. All Rights Reserved.)

Gray Eagle. Zunächst als MQ-1C, MQ-12 Warrior, Warrior Alpha oder Sky Warrior klassifiziert, wird dieser weiterentwickelte MQ-1B Predator seit August 2010 als MQ-1C Gray Eagle geführt. (Photo Courtesy of General Atomics Aeronautical Systems, Inc. All Rights Reserved.)

schiedlich sind auch die Höchststartmassen – MQ-1 1043 kg, MQ-9 4536 kg und während der MQ-1 unter den Flügeln nur zwei Lenkflugkörper Hellfire mitführen konnte, ist der MQ-9 mit 16 Hellfire und zehn Präzisionsbomben (6 x GBU-12, 4 x JDAM) und – angeblich – auch mit Streubomben bewaffnet.

Im Innern einer Bodenkontrollstation. Sie steht vielleicht irgendwo im Nahen oder Mittleren Osten, auf einem Stützpunkt der US Air Force nahe Las Vegas (US-Bundesstaat Nevada) oder in Langley, dem Hauptquartier der CIA in Washington D. C. (Photo Courtesy of General Atomics Aeronautical Systems, Inc. All Rights Reserved.)

Puma AE

Gemäß einem Anforderungskatalog des US Special Operations Command entwickelt, bekräftigt Avinc mit dem Hinweis »AE« (All Environment) in der Typenbezeichnung, dass diese Minidrohne rund um den Globus unter allen klimatischen Bedingungen verwendet werden kann. Handgestartet, ist das Fluggerät bei Boden- und Marineoperationen einsetzbar. Es ist schwimmfähig und kann sowohl auf festem Untergrund als auch auf Wasserflächen landen. Charakteristisch ist, dass die Drohne bei manuellen Landungen in außerordentlich steilem Winkel zu Boden gebracht werden kann. Puma AE verleiht seinem Bediener eine bisher bei Minidrohnen unerreichte operationelle Flexibilität. Robust konstruiert, ist Puma AE außerordentlich zuverlässig, kann leicht von einem Soldaten transportiert und in kürzester Zeit montiert beziehungsweise demontiert werden. Wegen ihrer geringen Geräuschsignatur ist die Drohne vom Gegner nur schwer zu orten. Sie operiert manuell oder vollautomatisch und liefert ISTAR-Daten (Nachrichtengewinnung, Überwachung, Zielentdeckung und Aufklärung) in Echtzeit – bei Tag und Nacht und jedem Wetter. Puma AE dienen aber nicht nur als Spione, sondern werden unter anderem zur Wirkungsaufklärung (z.B. nach Bombenangriff) sowie im Grenz- und Küstenschutz eingesetzt. Navigiert wird via GPS oder Trägheitsnavigation

Die Nutzlast des wasserdichten Fluggerätes umfasst hochauflösende, farbtüchtige elektrooptische und Wärmebildkameras und ist so konzipiert, dass sich der Bediener ganz auf seine Einsatzaufgabe konzentrieren kann. Dank modularer Bauweise lässt sich die Nutzlast exakt den militärischen beziehungsweise zivilen Anforderungen anpassen.

Puma AE (Photo Courtesy AeroVironment, Inc.)

Avincs Bodenkontrollgerät ist einsatzerprobt und bietet eine Kommunikationsreichweite von 15 km und ermöglicht der Drohne eine Flugdauer von zwei Stunden und ist – was für die Militärs von größter Bedeutung ist – mit den Drohnensystemen Raven und Wasp kompatibel. Als Antrieb dient ein Elektromotor mit buginstallierter Zweiblatt-Luftschraube.

Die Drohne ist 1,40 m lang, hat 2,80 m Spannweite, wiegt 5,9 kg und operiert in einem Geschwindigkeitsbereich von 37 bis 83 km/h.

Ranger

Aufbauend auf Entwürfen der Israel Aerospace Industries, entwickelten Oerlikon-Contraves und RUAG Aerospace das Ranger-System für die Schweizer Luftwaffe.
Bei der Konstruktion wurde besonderer Wert auf Allwetterfähigkeit in den schweizerischen Bergen gelegt. Ranger erhielt als erster miniaturisierter Starrflügler die Zulassung für Flüge im zivilen Luftraum.
Im Juni 1999 konnte die Schweizer Luftwaffe ihr erstes Ranger-System im Juni 1999 in Dienst stellen.
Die Drohne wurde als Tiefdecker mit Doppelleitwerk entworfen, ist pistenunabhängig, wird von einem Katapult gestartet und landet auf Kufen auch vollautomatisch auf Gras und Schnee oder unbefestigten Pisten – notfalls gleitet sie am Fallschirm zu Boden.
Rangers Sensoren (unter anderem eine Vorwärtssicht-Wärmebildgerät FLIR) liefern Bilder und Videos in Echtzeit bei Tag und Nacht. Um Beschädigungen des Kamerasystems zu vermeiden, wird die Sensorenplattform bei Start und Landung in den Rumpf eingezogen.
Ein Zwei-Zylinder, Zweitakt-Motor (31,5 kW/43 PS) wirkt auf eine Druck-Luftschraube.
Ein Ranger-System umfasst drei bis sechs Drohnen, eine Bodenkontroll- und Sende-/Empfangsstation, Startkatapult, zwei Bergefahrzeuge sowie Wartungs- und Ersatzmaterial. Die Drohne ist 4,61 m lang, 1,13 m hoch und hat 5,71 m Spannweite. Bei 45 kg Leermasse bietet sie eine Starthöchstmasse von 280 kg. Sie erreicht 240 km/h Höchstgeschwindigkeit, 5486 m Dienstgipfelhöhe, 180 km Reichweite und eine sechs- bis neunstündige Flugdauer.

Ranger (Reprinted with permission of Israel Aerospace Industries Ltd. All rights reserved.)

Raven RQ-11B

Die Raven RQ-11 ist eine leichte Drohne und kaum größer als ein Modellflugzeug. Nachdem in nur zehn Monaten ein fliegender Versuchsträger gebaut worden war, startete Raven am 17. Dezember 2003 im australischen Woomera zum Jungfernflug.

Gegenwärtig in der Serienfertigung ist die RQ-11B, eine weiterentwickelte Version der kampferprobten »alten« RQ-11A (Erstflug im Oktober 2001). Konstruiert für schnellstmöglichen Einsatz in urbanem Umfeld und schwer zugänglichem, unübersichtlichen Gelände, kann ein komplettes System RQ-11B von zwei speziell ausgebildeten Soldaten transportiert und in wenigen Minuten montiert und startklar gemacht werden.

Ein Raven-B-System umfasst drei Drohnen, eine Bodenkontrollstation, ein ferngelenktes Videoterminal, eine Transportkiste sowie Wartungs- und Ersatzmaterial.

Handgestartet, erkundet die Drohne entweder manuell gesteuert oder GPS-gestützt über vorprogrammiert Wegpunkte aus niedriger Höhe. Auch die Landung erfolgt automatisch, wobei die Drohne in außergewöhnlichem steilem Winkel zu Boden geht. Ausgestattet mit einer farbtüchtigen elektro-optischen sowie einer Wärmebildkamera, sendet sie ihre Aufklärungs- und Überwachungserkenntnisse in Echtzeit bei Tag und Nacht und jedem Wetter an Bodenkontrollstationen. Raven B absolvieren nicht nur ISTAR-Einsätze, sondern sichern außerdem eigene Truppen und Konvois gegen Hinterhalte und Überfälle und werden zur Wirkungsaufklärung nach Artilleriebeschuss oder Bombenangriffen eingesetzt. Ihre Kommunikationsreichweite beträgt mindestens 10 km. Raven dient auch als Laser-Zielsystem gegen stationäre und bewegte Ziele am Boden. Angetrieben von einem Elektromotor mit Druck-Luftschraube, operiert eine Raven B in maximal 150 m Höhe und mit Geschwindigkeiten

Ein komplettes Raven-System. (Foto: Courtesy AeroVironment, Inc.; aufgenommen 20. Jan. 2009)

Raven (Foto: Courtesy AeroVironment, Inc.)

von rund 50 bis 100 km/h. Ihre Reichweite beträgt 8 bis 12 km, die Flugdauer maximal 80 Minuten.

Ursprünglich nur für das US Special Operations Command beschafft und im Irak, Afghanistan und anderen »heißen« Konflikten bewährt, »dient« das System RQ-11B inzwischen bei allen US-Teilstreitkräften. So beschaffte die US Air Force das Raven-System als Ersatz für Desert Hawk.

Wie Ende 2011 bekannt, soll die Serienfertigung noch mindestens fünf Jahre andauern, wobei das System wenn nötig und möglich ständig leistungs- und kampfwertgesteigert werden soll. Im Irak waren Ende 2004 bereits mehr als 250 Raven im Einsatz und bis Ende 2011 mehr als 11000 dieser Drohnen an Betreiber weltweit geliefert.

Eine Drohne Raven B ist 0,90 m lang, hat 1,40 m Spannweite und wiegt 1,9 kg. Ihre Bodenkontrollstation wiegt nur 5,3 kg.

ScanEagle

Von Insitu in enger Zusammenarbeit mit Boeing entwickelt, startete ScanEagle am 20. Juni 2002 zum erfolgreichen Erstflug. Bereits im Juli des Folgejahres vereinbarten die Partner die auf längere Zeit ausgerichtete Serienfertigung des Systems.

Wie ihre Schwester NightEagle (siehe dort) wurde auch ScanEagle unter dem Namen SeaScan ursprünglich für die Fischereiindustrie entwickelt, um – schiffsgestützt – Fischschwärme suchen und verfolgen zu können. Das große Interesse der US-Streitkräfte an kleinen unbemannten Fluggeräten mit großer Einsatzdauer, bewog Insitu und Boeing letztendlich, sich mit dem ScanEagle-System primär auf militärische Anforderungen zu konzentrieren.

Modular und kostengünstig konstruiert, lassen sich einzelne Komponenten vor Ort einfach und schnell austauschen. Flügel und Rumpf sind vollständig aus Verbundwerkstoffen gefertigt. Der Drohne fehlt das ansonsten konventionell auf dem Heckrumpf angeordnete Seitenleitwerk, stattdessen fungieren große Flügelohren als Seitenruder. Wie Insitus Integrator und NightEagle, wird auch ScanEagle katapultgestartet. Nach beendeter Mission – vollautomatisch oder manuell gesteuert – wird die Drohne vom Skyhook-System »eingefangen«, wobei sie gegen ein senkrecht gespanntes, 15 m langes Seil fliegt. Über die stark gepfeilten Flü-

ScanEagle fertig zum Katapultstart; im Hintergrund das Skyhook-System. (Photo provided courtesy of Insitu, Inc.; aufgenommen 27. Mai 2009)

gel der Drohne gleitet dieses Seil zu den Flügelohren und rastet dort in ein Hakensystem ein. Der Kran des Skyhook-Systems wird – auch er GPS-gesteuert – so geführt, dass sich Drohnenflügel und Fangseil exakt treffen.
Ein ScanEagle-System umfasst mindestens eine Drohne, ein Startkatapult, ein Skyhook-Bergesystem sowie eine Bodenkontrollstation. Zum Betrieb des Systems genügen zwei Soldaten. Die Handhabung der Drohne ist leicht erlernbar; fliegerische Voraussetzungen sind nicht erforderlich.
In der Luft kann ScanEagle allein oder in Gruppen bei Tag und Nacht und jedem Wetter länger als 24 Stunden patrouillieren, ISR-Aufgaben (Nachrichtengewinnung, Überwachung, Aufklärung) erfüllen oder als Relaisstation dienen. ScanEagle sind aber auch ideale Plattformen für zivile Aufgaben wie beispielsweise der Grenz- und Küstenschutz, Verbrechensbekämpfung, Überwachung große Waldgebiete zur frühzeitigen Erkennung von Bränden, aufklären bei Katastrophen, Gelände kartographieren und vermessen, Pipelines überwachen. Also Aufgaben erfüllen, die für »menschliche« Piloten zu monoton oder zu gefährlich sind.
Die Standard-Nutzlast der Drohne besteht aus einem elektro-optischen oder einem IR-Kamerasystem. Bilder und Daten werden vernetzt und in Echtzeit übermittelt, sodass nicht nur weit entfernte Stabsstellen, sondern auch die lokalen Kommandeure »an der Front« und auf hoher See in Echtzeit über die aktuelle militärische Lage informiert sind. Ein Transponder ohne Hohenkennung erkennt und warnt vor gegnerischen Fluggeräten in einer genau festgelegten Schutzzone und sendet der Bodenkontrollstation entsprechendes Daten-/Bildmaterial.

Seit Sommer 2004 im Irak eingesetzt, bewährte sich ScanEagle in allen Bereichen. Die Folge war, dass das US Marine Corps bereits im Juni 2004 zwei SeaScan-Systeme für Einsätze im Irak orderte. Dann klopfte auch die US Navy an und erteilte Boeing im April und September 2005 Beschaffungsaufträge im Wert von über 27 Millionen Dollar. Schiffsgestützt wird sie SeaScan nicht nur zur Überwachung des Schiffsverkehrs und der Ölplattformen im Persischen Golf, sondern auch rund um den Globus im Kampf gegen den Terror und als See-Fernaufklärer betreiben.
Ihre außergewöhnliche Leistungsfähigkeit, verbunden mit einer idealen Kombination von

Im Landeanflug »kollidiert« ScanEagle mit dem Fangseil des Skyhook-Systems. Das Seil wird nun über die Flügelvorderkante zu den Flügelohren gleiten und dort in ein Hakensystem einrasten. (Photo provided courtesy of Insitu, Inc.; aufgenommen 11. April 2009)

Einsatzdauer und Nutzlast demonstrierte SeaScan im August 2004 mit einem 16 Stunden und 45 Minuten dauernden Flug über dem Puget Sound (US-Bundesstaat Washington). Es war der bis dato längste Flug einer schiffsgestützt gestarteten und gelandeten Drohne! Seit ihrer Indienststellung 2004 hat sich die ScanEagle-Drohne bis Sommer 2011 bei Kampfeinsätzen in mehr als 500000 Flugstunden bewährt.
Der als Antrieb gewählte Zweitakt-Mischmotor (Benzin, Gas oder Diesel) mit 4 kW (1,9 PS) und heckinstallierter Druck-Luftschraube, soll im Rahmen leistungssteigernden Maßnahmen durch einen reinen Dieselmotor ersetzt und die Einsatzdauer dadurch auf 32 Stunden erhöht werden. Als weitere leistungssteigernde Maßnahmen bietet Insitu einen Nachrüstsatz zur Lärmminderung des Triebwerks und einen Mode-C-Transponder. Dieser Transponder nutzt das mittlere Infrarotspektrum (Wellenlängen von 3 bis 8 µm), sodass ScanEagle

auch bei Nacht und schlechtem Wetter (sogar bei Sandstürmen) aus großer Entfernung hochwertiges Bildmaterial in Taglichtqualität senden kann. Dank einem so genannten ROVER-Link kann das Bildmaterial auch an vorgeschobene Fliegerleitoffiziere weitergeleitet werden.
Die ScanEagle-Drohne ist 1,37 m lang und hat 3,11 m Spannweite. Ihre Leermasse beträgt 13,1 kg, die Höchststartmasse 20 kg. Im Horizontalflug erreicht sie 150 km/h Höchstgeschwindigkeit. Als Marsch- beziehungsweise Patrouillengeschwindigkeit nennt Insitu 90 km/h und 5910 m Dienstgipfelhöhe. Navigiert wird satellitengestützt und mittels Trägheitsnavigation.
Ständig bemüht, die Leistungsfähigkeit des ScanEagle-Systems zu steigern, modifizierte Insitu den Drohnenrumpf und schuf den »Scan-Eagle Dual Bay« mit einer zusätzlichen Nutzlastkammer. Sie misst zwar nur 22 x 17 cm, ermöglicht aber die Installierung zusätzlicher Sensoren bis zu einem Gewicht von 0,9 kg – beispielsweise das nano-kleine Bodenradar NanoSAR mit Seitensicht-Betriebsart. Äußerlich unterscheidet sich die neue Variante vom »alten« ScanEagle auf den ersten Blick durch ein (wie beim NightEagle!) auf dem Heckrumpf angeordnetes Seitenleitwerk.

Seit Mitte 2009 sind verbesserte und leistungsgesteigerte Katapulte im Einsatz, sodass ScanEagle Dual Bay mit größerer Nutzlast auch bei schlechter Sicht gestartet und in große Höhen geschloudert werden können.
Mit 1,98 m ist ScanEagle Dual Bay deutlich länger als das Vorgängermodell. Als Leermasse nennt Insitu 16 kg und 22 kg Höchststartmasse. Zwar konnte die Patrouillengeschwindigkeit auf 94 km/h gesteigert, unter der zusätzlich mitgeführten Nutzlast leiden allerdings Dienstgipfelhöhe (nur noch 3000 m) und Einsatzdauer (nur noch bis zu 15 Stunden).

ScanEagle im Flug. (Photo provided courtesy of Insitu, Inc.)

Searcher

1989 wurde bekannt, dass Malat, IASs berühmte »Tochter«, mit der Erprobung einer vielseitig verwendbaren Aufklärungsdrohne namens Searcher begonnen hatte. Ihre Höchststartmasse wurde mit 317 kg angegeben. Die Flügel lieferte Scaled Composites. Searcher konnte die Bodengeräte der Pioneer nutzen, bot aber eine größere Nutzlast und längere Einsatzdauer.
Bereits Ende 1991 konnten Israels Streitkräfte die erste Searcher in Dienst stellen. Nun wurde auch bekannt, dass die Drohne »nur« 310 kg wog, eine Einsatzdauer von bis zu 24 Stunden bot, in Flughöhen von bis zu 6100 m operierte und eine vielseitige Sensorausrüstung mitführte. Aber schon auf der Luftfahrtmesse Asian Aerospace 1998 in Singapur präsentierte IAI eine neue Variante: Searcher Mk. II mit ver-

Searcher Mk. III (Foto: AAI Corporation)

Searcher Mk. II (Foto: AAI Corporation)

besserten Flugleistungen. In Singapur nannte IAI als Einsatzdauer 17 Stunden, 6096 m Dienstgipfelhöhe und 210 kg Nutzlast. Inzwischen muss ihre Nutzlastkapazität korrigiert und auf 68 kg reduziert werden. Ansonsten ist die Drohne 5,85 m lang, 1,25 m hoch und hat 8,54 m Spannweite. Bei einer Höchststartmasse von 500 kg erreicht sie 200 km/h Höchstgeschwindigkeit, 6100 m Dienstgipfelhöhe und 18 Stunden Einsatzdauer. Als Antrieb wählte IAI den Vier-Zylinder, Zweitakt-Boxermotor Limbach L 550 mit einer Leistung von 37 kW (47 PS).

Jüngste und leistungsfähigste Variante ist die Searcher Mk. III. Ebenfalls mit Doppelleitwerk und Druck-Luftschraube konstruiert, unterscheidet sich Mk. III äußerlich durch Flügelohren von ihrer Vorgängerin.

Mit entsprechend ausgewählter, schnell und einfach installierter Nutzlast dient Mk. III für Überwachung, Aufklärung, Zielentdeckung, Artillerie-Feuerleitung und Wirkungsaufklärung oder Signalaufklärung (SIGINT; ortet und verfolgt gegnerische Video- und Funkfrequenzen). Statt dem Bodenradar mit Seitensicht-Betriebsart dienen elektro-optische und IR-Kamerasysteme zur Übermittlung von Bild- und Videomaterial in Echtzeit. Mk. III bietet längere Einsatzdauer, größere Reichweite, fliegt höher und hat größere Nutzlastkapazität. Als Relaisstation ausgerüstet, »blickt« sie weit hinter den Horizont. Die Drohne startet und landet automatisch und liefert Daten und Bildmaterial bei Tag und Nacht. Ihre moderne Avionik ist redundant konzipiert. Mit ihrem leisen Motor und den bei der Fertigung verwendeten Verbundwerkstoffen ist die Geräusch- und Radarsignatur klein. Die Bodenkontrollstation ist mit allen unbemannten IAI-Systemen kompatibel.

Die Drohne Searcher Mk. III ist 5,85 m lang und hat 8,55 m Spannweite. Bei 436 kg Höchststartmasse transportiert sie maximal 120 kg Nutzlast. erreicht 6970 m Dienstgipfelhöhe und 18 Stunden Einsatzdauer. Mit rund 110 bis 150 km/h Patrouillengechwindigkeit umfasst der Einsatzradius 350 km. Die Höchstgeschwindigkeit beträgt 200 km/h.

Seeker II & Seeker 400

Irene bei Pretoria (Südafrika) ist Sitz von Denel Dynamics, einem Unternehmensbereich des Konzerns Denel (Pty) Ltd. Anfang 1988 wurde bekannt, dass die südafrikanischen Streitkräfte die neueste Variante der Aufklärungsdrohne Seeker (später bekannt als »Seeker II«) in Dienst gestellt hatten. Seeker II konnte 40 kg Nutzlast zehn Stunden lang in der Luft halten oder 2,5 Stunden lang an der Grenze der Reichweite der Datenverbindung (bis zu 250 km Entfernung) auf Station bleiben. Der Sensor besaß eine Auflösung von 6 m auf 30 km Entfernung, während das Navigationssystem bis auf maximal 300 m Abweichung vom Kartenwert genau arbeitete. Die Höchstgeschwindigkeit der Seeker II lag bei 390 km/h, ihre Geschwindigkeit im Patrouillenflug bei 120 km/h. Der Rumpf war aus Verbundwerkstoffen gefertigt. Die Spannweite betrug 6,20 m. Ein Seeker-II-System bestand aus vier Drohnen, zwei Start- und Bergungsfahrzeugen, einem Fernlenkfahrzeug sowie einem Radar- und Funkfahrzeug. Jede Drohne war für 50 Einsätze ausgelegt und konnte für automatische Rückkehr zu einem 5 km entfernten Punkt programmiert werden. Dort eingetroffen,

Seeker II (Foto: Courtesy of Denel Dynamics)

Prototyp der Denel 400 bewaffnet mit Luft-Boden-Flugkörper Mokopa. Mokopa ist ein präzisionsgelenkter Panzerabwehr-Flugkörper mit 10 km Reichweite. Unter dem Rumpf der Sensorturm. (Foto: Courtesy of Denel Dynamics; aufgenommen 15. Juli 2011)

flog sie Warteschleifen, bis sie über Funk in die Fanganlage dirigiert wurde.

Auf der Africa Aerospace and Defence 2008, Kapstadt (Südafrika) enthüllte Denel Dynamics die leistungs- und kampfwertgesteigerte, rund 30 Prozent größere Seeker 400. Auch sie besitzt ein Doppelleitwerk und wird mit einer Druck-Luftschraube angetrieben. Seeker 400 ist modular konstruiert, mit Verbundwerkstoffen gefertigt und aerodynamisch günstig gestaltet. Dank leistungsstarkem Antrieb und großer interner Tankkapazität hat Seeker 400 eine Einsatzdauer von bis zu 16 Stunden. Verbunden mit fast 5500 m Dienstgipfelhöhe und einer Nutzlastkapazität von bis zu 100 kg (ohne Kraftstoff!) ist Seeker 400 eine vielseitig verwendbare und leistungsstarke Plattform. Das Seeker-400-System bietet eine Datenverbindung bis Reichweiten von 250 km (mit Unterstützung ihrer Bodenkontrollstation bis 700 km!), ist allwetterfähig und liefert Daten- und Bildmaterial in Echtzeit, ortet und markiert Ziele, leitet Artilleriefeuer, ist zur Elektronischen Kampfführung geeignet und kann im Grenz und Küstenschutz verwendet werden – um nur einige Aufgaben zu nennen. Die Datenverbindung zwischen Drohne und Bodenkontrollstation (uplink beziehungsweise downlink) ist dual ausgelegt.
Die Einsatzflüge können vollautomatisch oder manuell durchgeführt werden.
Wichtigste Schnittstelle zwischen den »Piloten« und Sensorbedienern am Boden und der Drohne ist die Mission Control Unit (MCU). Sie dient zur Einsatzplanung, Drohnensteuerung und Daten/Bildübertragung, Kommunikationskontrolle, Sensorsteuerung und zum Training

Seeker II über Kapstadt, Südafrika. (Foto: Courtesy of Denel Dynamics)

der Bediener. Die Bediener können in den Einsatzablauf eingreifen und die Steuerung übernehmen.

Die Nutzlast ist dual ausgelegt. Elektro-optische Kameras mit einem Durchmesser von bis zu 530 mm lassen sich problemlos installieren. Eine typische, kreiselstabilisierte Nutzlast umfasst eine farbtüchtige Tageslichtkamera mit einem Zoom-Objektiv, eine Wärmebildkamera, eine farbtüchtige Tageslichtkamera oder eine schwarz-weiß Restlicht-Spotter-TV-Kamera, Laser-E-Messer und –Zielbeleuchter. Bei ELINT/ESM-Einsätzen kann zur Ortung und Standortbestimmung gegnerischer Radareinrichtungen eine elektronische »Überlebensnutzlast« eingebaut und zur Bekämpfung von Bodenzielen zwei lasergelenkte Luft-Boden-Flugkörper mitgeführt werden.

Ein Seeker-400-System besteht gewöhnlich aus vier bis sechs Drohnen, einer MCU, einem Radar- und Funkfahrzeug, verschiedenen Nutzlasten, zwei Start- und Bergungsfahrzeugen, einem Fernlenkfahrzeug und wahlweise einer taktischen Bodenkontrollstation.

Seeker II neben dem (größeren) Prototyp No. 1 Denel 400. (Foto: Courtesy of Denel Dynamics; aufgenommen 15. Juli 2011)

Sentinel RQ-170

4. Dezember 2011: Teheran meldet den Abschuss einer US-Drohne. Noch am Abend bestätigte die NATO: »Die Drohne, auf die sich die Iraner beziehen, könnte ein unbewaffnetes US-Aufklärungsfluggerät sein, das Ende vergangener Woche von einem Einsatz über West-Afghanistan nicht zurückkehrte.« Weiter hieß es, die Bodenkontrollstation hätte den Kontakt zu dem Fluggerät verloren. Experten vermuten, dass die Drohne mit einem verfälschten GPS-Navigationssignal zur Landung veranlasst wurde.
Die von der DARPA angeblich 2004 in Auftrag gegebene, aus dem Hause Lockheed Martin stammende RQ-170, wurde unter Nutzung der Stealth-Technologie konstruiert.
Gesteuert werden die bei Kandahar stationierten Sentinel angeblich von einem Stützpunkt im US-Bundesstaat Nevada.
Es soll auch eine RQ-170 gewesen sein, die vor der Exekution Osama Bin Ladens dessen Versteck ausspähte.
Erst Ende 2009 bestätigte die USAF die Existenz dieses unbemannten Aufklärers bestätigen. Da die Drohne oft in der Umgebung des US-Stützpunktes Kandahar gesichtet wurde, fand sich schnell ein treffender Name: »Biest von Kandahar«.
Nach unbestätigten Meldungen soll die RQ-170 2007 eine Spannweite von maximal 28,43 m haben und maximal 1,82 m hoch sein. Als Dienstgipfelhöhe werden rund 15250 m vermutet. Beim Triebwerk soll es sich um einen Turbofan GE TF34 (Schubleistung 41,22 kN) handeln.

9. Dezember 2011: Präsentation der erbeuteten RQ-170 Sentinel im iranischen Fernsehen. (Foto: Iran TV)

Shadow 200 RQ-7

Das taktische System Shadow 200 ist das kleinste der von AAI Corporation entwickelten Shadow-Familie. Nach Erstflug 1991 und langwieriger Entwicklungsphase erteilte die US Army 1999 einen ersten Beschaffungsauftrag. Nachdem die US Army Anfang 2001 die ersten vier Systeme übernommen und erprobt hatte, bestellte sie im März 2002 fünf weitere Systeme. Der Auslieferung des ersten kompletten Systems RQ-7A im September 2003 folgte die Erteilung der so genannten »eingeschränkten Einsatzbereitschaft« und im Januar 2004 wurden die ersten sechs Shadow-Systeme mit je drei Drohnen in den Irak verlegt. Schon im ersten Quartal 2004 orderte die US-Army 33 Systeme des leistungsgesteigerten Modells RQ-7B mit mehr als 140 Drohnen. Bis Juni 2007 hatte die US Army insgesamt 74 Systeme mit 148 Bodenkontrollstationen und 296 Drohnen bestellt. Längst auch in Afghanistan im Einsatz, hatten Shadow-Drohnen sich bis Mai 2010 in mehr als 500000 Flugstunden bewährt.

So kann es nicht verwundern, dass US Army, Army National Guard, Army Special Forces und Marine Corps bis Januar 2010 insgesamt 116 Shadow-Systeme bestellt hatten.

2010 klopften auch ausländische Streitkräfte an AAIs Tür. So bestellte Schweden zwei, Italien vier und Australien 18 Systeme RQ-7B.

Ein typisches Shadow-System (Block 1) besteht aus drei Drohnen (plus eine Drohne als »Ersatzteillager«) mit ihren Nutzlasten, zwei mobilen und einer tragbaren Bodenkontrollstation, Transport-, Start- und Bergefahrzeugen. Das System ist luftverlastbar und kann mit zwei C-130 Hercules transportiert werden. Zum Bodentransport genügen zwei Radfahrzeuge. 22 Soldaten können ein RQ-7B-System rund um die Uhr zu betreiben. Eine Drohne

kann bis zu 27,2 kg Nutzlast tragen.

Wie RQ-7A sind auch die Fluggeräte RQ-7B aus Verbundwerkstoffen gefertigt. Ihre (im Vergleich mit der RQ-7A 3,90 m) größere Spannweite beträgt 4,27 m. Eine Drohne RQ-7B ist 3,40 m lang und 0,86 m hoch, wobei ihre Leermasse 90 kg und die typische Nutzlast 25,3 kg betragen.

Als Antrieb wählte AAI einen handelsüblichen, benzinbetriebenen Wankelmotor mit 28,3 kW

Start einer Shadow RQ-7A. (Foto: AAI Corporation; aufgenommen 19. Nov. 2008)

(38 PS). Heckinstalliert, wirkt der Motor auf eine Zweiblatt-Druck-Luftschraube. Feuer- und explosionssichere Kraftstofftanks sind in den Flügeln untergebracht. Die Kraftstoffkapazität beträgt 40 Liter (RQ-7A) beziehungsweise 57 Liter. Dank kompakter Bauweise und leichtem Motor, sind die Radar- und IR-Signaturen der Drohne sehr gering.
Eine Drohne RQ-7B erreicht eine Flugzeit von maximal neun Stunden, operiert in rund 4500 m Höhe und kann Projekte von der Größe eines Fahrzeuges aus 4000 m Entfernung identifizieren. Sofern der Funkkontakt zwischen Bodenkontrollstation und Drohne nicht abreißt, beträgt ihre maximale Reichweite 125 km.
Abhängig vom Einsatzprofil, besteht die Nutzlast aus leichten, modernen elektro-optischen und IR-Kamerasystemen, Bodenradar mit Seitensicht-Betriebsart und Bewegtzielentdeckung bzw. –anzeige, ein Hyperspektralsensor zur

Fernaufklärung, leichtes Kommunikations-Relaispaket zur Bildübermittlung sowie Laser-E-Messer, -Zielbeleuchter und -Zielmarkierer. Der leichte, mit hochauflösenden Kamerasystemen bestückte Sensorturm bietet die einzigartige Möglichkeit, aus Höhen und Entfernungen von bis zu 4000 m ein Gebiet von bis zu 300 Quadratkilometer/Stunde zu erfassen. In Echtzeit an die Bodenkontrollstation gesendet, wird das Bildmaterial dort digitalisiert.
Abhängig von den oft wechselnden Einsatzbedingungen kann das Bedienungspersonal zwischen zwei Startmöglichkeiten wählen: Mobile Startrampe oder hydraulisch betätigter Schienenstarter. GPS-gestützt erfolgt die Führung vollautomatisch auf vorprogrammierten Flugprofilen oder manuell durch einen »Piloten«. Als Steigleistung der Drohne werden 300 bis 450 m/min genannt. Auf dem »Marsch« zum Einsatzgebiet fliegt die Drohne mit knapp 150 km/h. Ihre Patrouillengeschwindigkeit beträgt 111 km/h, die Höchstgeschwindigkeit

Shadow RQ-7B mit neu gestaltetem Seitenleitwerk und größerer Spannweite. (Foto: AAI Corporation)

250 km/h. Mit ihrem Bugradfahrwerk genügt zur Landung eine feste, rund 100 m lange Piste. Mittels Fanghaken und am Boden gespannten Fangseilen, kann die Drohne aber auch auf kleineren Flächen geborgen werden. Von dem kanadische Unternehmen CDL Systems gebaut, sind die Bodenkontrollstationen robust und leicht verlastbar konstruiert. Die Ausstattung zur Drohnenführung sowie die C4I-Schnittstellen (Führung, Kontrolle, Kommunikation, Computer und Aufklärung) wurden von AAI entwickelt. In robusten Behältern transportiert, lassen sich tragbare Bodenkontrollstationen im Einsatz sehr schnell montieren oder demontieren. Das Boden-Datenterminal mit seinen Sende, Empfang- und Antennensystem kann leicht und ohne Werkzeuge aufgebaut werden.

Sky-X & Sky-Y (Molynx)

Am 23. Mai 2005 hob Alenias Versuchsmuster Sky-X mit der Kennung XD-001 zum Erstflug ab. Mit ihrer Startmasse von über 1000 kg war Sky-X die erste in Europa entwickelte strahlgetriebene Kampfdrohne der Eintonnen-Klasse.
Nach dem Erstflug demonstrierte Sky-X mit zahlreichen Versuchsflügen seine Tauglichkeit in allen Flugbereichen, automatischen Starts und Landungen, Kampfeinsätzen und Formationsflügen. Der Einbauraum im Mittelrumpf eingerichtete Einbauraum ist auch als Waffenschacht nutzbar.
Ein Meilenstein in der Entwicklung des Systems und der unbemannten Luftfahrt überhaupt, war eine simulierte automatische Luftbetankung am 16. Juli 2008. Dabei näherten sich eine Sky-X und ein Transporter CJ-27J Sparta in 1800 m Höhe auf wenige Meter bei einer Geschwindigkeit von 260 km/h.
Angetrieben wird Sky-X von einem Turbofan Snecma Microturbo TRI60-268 mit 4,43 kN Schub.
Sky-X ist 7,80 m lang, 1,86 m hoch und hat 5,80 m Spannweite. Sie hat 1000 kg Leermasse, 1450 kg Höchststartmasse, kann 300 kg Kraftstoff und 200 kg Nutzlast mitführen. Sie erreicht 648 km/h Höchst- und 482 km/h Marschgeschwindigkeit, 7260 m Dienstgipfelhöhe und bleibt maximal zwei Stunden in der Luft.
Am 10. Juni 2007 präsentierte Alenia mit der Sky-Y die erste europäische Drohne der MALE-Klasse. Beim Erstflug am 21. Juni 2007 stieg Sky-Y mit 200 km/h auf 900 m Höhe. Sky-Y wird von einem 150 kW (200 PS) starken Dieselmotor mit Druck-Luftschraube angetrieben. Die maximale Marschgeschwindigkeit beträgt 260 km/h, die Reichweite 925 km. Bei 7620 m Dienstgipfelhöhe, bleibt Sky-Y bis zu 14 Stunden in der Luft.
Sky-Y dient wohl nur als Versuchs- und Technologieträger; in erster Linie für die Aufklärungsdrohne Molynx. Für die HALE-Klasse (große Flughöhen, lange Einsatzdauer) konzipiert, soll Molynx 12 m lang werden, 25 m Spannweite haben und auf über 13700 m steigen.

Sky-X. Der Versuchsträger/Prototyp mit der Kennung XD-011. (Foto: Alenia Aeronautica)

25. Oktober 2007. Sky-Y beim achtstündigen Rekordflug. (Foto: Alenia Aeronautica)

Größer als Sky-X ist Sky-Y 9,73 m lang und hat bei gleicher Höhe eine Spannweite von 9,94 m. Ihre Leermasse beträgt 850 kg, die Höchststartmasse 1200 kg. Neben 250 kg Kraftstoff kann sie 150 kg Nutzlast mitführen. Geplant sind elektro-optische und IR-Kamerasysteme, Hyperspektralsensor zur Fernaufklärung, Bodenradar und Systeme zur Elektronischen Kampfführung.

Molynx, italienische Aufklärungsdrohne der nächsten Generation. (Foto: Alenia Aeronautica)

Skylark

Mit Skylark hat Elbit hervorragende, für den »Blick über den Hügel« optimal geeignete Droh-
nen geschaffen. Skylark I-LE und Skylark II – haben sich bei Tag und Nacht bewährt. Auffällig sind der am linken Flügel untergehängte Rumpf und der dünne Leitwerkträger.
In Rucksäcke verpackt, ist das komplette System leicht transportierbar und kann in kürzester Zeit montiert und demontiert werden. Die Drohnen besitzen einen hohen Grad an Automatismus – vom Start bis zur punktgenauen Landung – und sind durch ihre elektro-optischen und IR-Kamerasysteme und Sensoren für ISTAR-Aufgaben auch in urbaner Umgebung ideal geeignet. Die Sensoren liefern Bildmaterial bester Qualität in Echtzeit. Digitale Datenverbindungen garantieren hohe Störfestigkeit.
Während Skylark I-LE von Hand, mit Bungee-Seil oder Schienenstarter gestartet wird, benötigt die Skylark II eine mobile Startrampe.
Bei der Landung durch Luftkissen geschützt, können Skylark II auch per Fallschirm punktgenau zu Boden gehen.
Hatte Skylark I-LE mit 2,90 m Spannweite noch Modellflugzeugmaße, so ist Skylark II mit 6,50 m mehr als doppelt so groß. Bei der Einsatzdauer ist der Unterschied nicht so krass: Skylark I-LE bis zu drei, Skylark II bis zu vier Stunden. Als effektivste Einsatzflughöhe nennt Elbit für die Skylark I-LE rund 1210 m, für Skylark II 1515 m. Beiden Modellen gemeinsam ist die maximale Dienstgipfelhöhe von 4550 m. Gleichwohl betont der Einsatzradius die unterschiedlichen Aufgaben: Skylark I-LE 15 km, Skylark II 60 km. Als Höchststartmassen werden genannt:Skylark I-LE 6,5 kg, Skylark II 65 kg!

Skylark II. Charakteristisch der unter dem linken (backbord) Flügel untergehängte Rumpf und der bleistiftdünne Leitwerkträger. (Foto: Elbit Systems Ltd.)

T-Hawk RQ-16A

Die in Morristown (New Jersey) beheimatete Honeywell International ist ein klassischer Mischkonzern. Unter der Federführung des Unternehmensbereiches »Aerospace« begann 2003 die Entwicklung der T-Hawk im Rahmen des DARPA-Wettbewerbs »Micro Air Vehicle«. Honeywell siegte und erhielt einen Konstruktionsauftrag.
Wie ein Hubschrauber operierend, hat sich T-Hawk seit 2007 als »Auge« der US-Truppen im Irak und in Afghanistan bewährt. Sie ist ideal geeignet für Einsätze im Häuserkampf, gewährt einen Blick »hinter den nächsten Hügel«, überprüft Gefahrenquellen, schützt Konvois und ortet Sprengfallen.
Modular konzipiert und schnell austauschbar, umfasst die Nutzlast elektro-optische und IR-Kamerasysteme sowie Funk- und Datenverbindungen. Bei Tag und Nacht einsatzfähig, liefert T-Hawk Bildmaterial in Echtzeit.
Der Bediener kann jederzeit in das vollautomatische Flugprofil (GPS-gestützt mit bis zu 100 Wegpunkten!) eingreifen und manuell steuern. Als Antrieb wählte Honeywell eine ummantelte Gasturbine mit 3 kW (4 PS) Leistung.
Ein komplettes System umfasst eine oder zwei Drohnen und eine Kontrollstation. Dank Honeywells MOLLE-System leicht in zwei Rucksäcke verpackt, kann das System von zwei Soldaten transportiert werden und ist in weniger als zehn Minuten einsatzbereit.
Montiert hat die Drohne 35 cm Durchmesser und 8,4 kg Höchststartmasse. T-Hawk erreicht 75 km/h Höchstgeschwindigkeit, 3200 m Dienstgipfelhöhe, hat bis zu 50 Minuten Einsatzdauer und 5 bis 10 km Reichweite.

Das komplette System T-Hawk RQ-16A. (Foto: Mit freundlicher Genehmigung der Firma Honeywell)

Talarion

Auf der Paris Air Airshow (Le Bourget) präsentierte EADS 2009 das Modell eines unbemannten Fluggerätes im Maßstab 1:1. Die Attrappe zeigte die Auslegung mit zwei seitlich auf dem Heckrumpf angeordneten Strahltriebwerken und eine Satellitenantenne im Bugbereich. Für den zentralen Missionsraum war ein leistungsstarkes AESA-Radar Antenne mit elektronischer Strahlschwenkung vorgesehen. Dahinter sollte der drehbare Behälter für elektrooptische und IR-Kamerasysteme und Sensoren angeordnet werden. Gemäß einem Studienbericht der EADS für die drei Partnerländer Deutschland, Spanien, Frankreich, war mit Entwicklungs- und Beschaffungskosten von 1,5 Mrd. Euro zu rechnen. Bei Beschaffung von 15 Systemen (je sechs für Deutschland und Frankreich, drei für Spanien) mit jeweils drei Fluggeräten nannte EADS einen Systempreis von 90 Millionen Euro. Cassidian, die Verteidigungssparte der EADS, vermarktet dieses als Aufklärer und Überwacher konzipierte Fluggerät als »Talarion«. Dieser Name ist abgeleitet von den Flügelschuhen des Götterboten Hermes, die ihn – so die griechische Mythologie – befähigten, schneller zu fliegen als das Licht.
Positive Äußerungen des deutschen Verteidigungsministers auf der Pariser Luftfahrtschau ließen damals darauf schließen, dass mit der Talarion das Drohnenproblem der Luftwaffe

Talarion, Attrappe im Maßstab 1:1. (Foto: Cassidian)

Talarion; Vorderansicht der Attrappe. Der Bugbereich erinnert an die amerikanische MQ-9 Reaper. (Foto: Cassidian)

erst einmal gelöst schien. Gut zwei Jahre später scheint Talarion vor dem Aus zu stehen. Inzwischen neigt Frankreich bei unbemannten Fluggeräten zu einer engeren Zusammenarbeit mit Großbritannien, sodass sich Cassidian einer gemeinsamen Front von Dassault und BAE Systems gegenübersieht. Damit aber nicht genug. Im Herbst 2011 wurde bekannt, dass das Verteidigungsministerium der Bundesrepublik Deutschland im Entwurf des Bundeshaushalts für 2012 für Talarion keine Finanzmittel eingestellt hat. Damit zeigt sich eine strategische Wende in der deutschen Beschaffungspolitik. Berlin will im Rahmen der Planung für den Umbau der Bundeswehr weg von teuren und meist verspäteten Rüstungsprojekten. Gewiss wird man im Verteidigungsministerium denken: Warum Geld in das langwierige Entwicklungsprojekt »Talarion« stecken, wenn unsere Soldaten in Afghanistan beste Erfahrungen mit den bereits vorhandenen Drohnensystemen mache? Die Sparmaßnahmen sollen zwar alle Teilstreitkräfte treffen, Hauptleidtragender wären allerdings Luftwaffe und damit primär Cassidian. In Bayern formieren sich die Gegner des »Spardiktats« und die Fürsprecher des EADS-Konzerns. Arbeitsgruppen sollen nun das Schlimmste verhindern.

Ende 2011 scheint es allerdings mehr als fraglich, ob der für 2013 geplante Erstflug des Talarion noch realistisch ist.

Als MALE-System (mittlere Flughöhe, lange Einsatzdauer) konstruiert, sollte das Fluggerät 12 m lang und 4,50 m hoch werden und eine Spannweite von 28 m erreichen. Bei einer Zuladung von maximal 800 kg, war ein Höchststartgewicht von 7000 kg geplant. Talarion sollte in maximal 15240 m Höhe operieren, 555 km/h Höchstgeschwindigkeit erreichen und 20 Stunden in der Luft bleiben können.

Taranis

Benannt nach dem keltischen Gott des Himmels, des Wetters und des Donners, wurde Taranis als Technologieträger für unbemannte strategische Kampfjets mit interkontinentaler Reichweite entwickelt. War das britische Verteidigungsministerium vor wenigen Jahren noch an europäischen Gemeinschaftsprojekten interessiert, so steht Taranis inzwischen in Konkurrenz zu Projekten wie Barracuda, Neuron, Sky-X/Sky-Y und Talarion. London plant, mit diesem rein britischen Projekt Kosten bei konventionellen Kampfflugzeugen zu sparen und gleichzeitig die heimische Luftfahrtindustrie für den zukunftsträchtigen Markt unbemannter Fluggeräte der nächsten Generation fit zu machen. In dem eigens für Taranis gebildeten Industriekonsortium (begründet im Dezember 2006) fungiert BAE Systems als Generalunternehmer. Weitere Mitglieder sind GE Aviation, Rolls-Royce, QinetiQ und die militärischen und wissenschaftlich-technischen Spezialisten des britischen Verteidigungsministeriums für unbemannte Fluggeräte. BAe Systems ist verantwortlich für Umsetzung der Stealth-Technologie, die Integration der Systemkomponenten sowie die Infrastruktur der Flugkontroll- und C4I-Systeme (Command, Control, Communications, Computers and Intelligence = Führung, Kontrolle, Kommunikation, Computer und Aufklärung), Rolls-Royce liefert das hochmoderne Strahltriebwerk (Rolls-Royce/Turboméca Adour 951), QinetiQ die zu eigenständigen Entscheidungen fähige »Intelligenz« der vollautomatischen Flugsteuerung, GE Aviation die Avionik. Neben den Mitgliedern des Konsortiums sind auch zahlreiche kleinere britische Unternehmen mit ihrem Wissen und Bauelementen am Taranis-Projekt beteiligt.

Der zuerst für 2009, dann für 2011 genannte Erstflugtermin ist nun auf 2012 verschoben worden. Solche Terminverzögerungen sind bei derart komplexen Projekten nicht ungewöhnlich.

Die während der Konstruktionsphase und demnächst durch die Flugerprobung gewonnenen Erkenntnisse sollen zu Empfehlungen für die Beschaffung von Kampfdrohnen gebündelt werden. Wie die britische Mischung

Taranis im Einsatz. So sieht BAE Systems die zukünftige Verwendung dieses unbemannten strategischen Kampfjets. (Foto: BAE Systems)

Offizielle Enthüllung (Roll out) der Taranis im Juli 2010. (Foto: BAE Systems)

aus bemannten und unbemannten Kampfjets und unbemannten Langstreckenbombern zukünftig gestaltet werden wird, steht vorerst noch in den Sternen.
Vermutlich hat das Fluggerät 11 m Spannweite, ist etwa 4 m hoch, 10 m lang und wiegt rund acht Tonnen. Bei einer geschätzten Höchstgeschwindigkeit von 900 km/h wird Taranis mindestens acht Stunden in der Luft bleiben können.

Telemos

Im März 2011 verkündeten BAe Systems und Dassault, gemeinsam ein unbemanntes Aufklärungssystem der MALE-Klasse (mittlere Flughöhe, lange Einsatzdauer) mit einer Höchstartmasse von maximal acht Tonnen zu entwickeln. Natürlich machen beide Unternehmen die Realisierung dieses Projektes davon abhängig, dass ihre nationalen Verteidigungsministerien einen formellen Entwicklungsauftrag erteilten. Eine enge Zusammenarbeit im Militärbereich hatten Frankreich und Großbritannien bereits im November 2010 beschlossen.
BAe Systems und Dassault tauften das Fluggerät auf den Namen »Telemos«. Gemäß der griechischen Mythologie war Telemos ein prophetischer Zyklop, der zum Ätna reiste, um den dort hausenden Zyklopen Polyphem vor einem Angriff des Odysseus zu warnen, weil dieser ihn blenden werde. Man scheint den Namen dieses einäugigen, in die Zukunft schauenden Riesen gewählt zu haben, weil auch das Fluggerät Telemos monströs werden

Offizielle Enthüllung (Roll out) der Taranis im Juli 2010. (Foto: BAE Systems)

Telemos-Attrappe auf der Paris Air Show 20. – 26. Juni 2011. (Foto: Dassault Aviation – P. Sagnes)

und böse gegnerische Machenschaften frühzeitig erkennen soll.
Die von BAe Systems und Dassault gebildete Arbeitsgruppe sollte zu einem Gemeinschaftsunternehmen mit anderen führenden Firmen der Rüstungsindustrie ausgebaut werden. Ziel war, ein kosteneffektives, autonomes Aufklärungssystem in einem noch abzustimmenden Zeitraum zu realisieren und natürlich auch die Sicherung der britischen und französischen Industriekapazitäten zu sichern. Gerüchte, BAe Systems und Dassault wollten auch EADS/Cassidian ins »Boot« holen, wurden von EADS prompt dementiert: »Wir bieten mit Talarion die bessere Lösung und haben bei unseren Vorbereitungsarbeiten einen Vorsprung von fünf Jahren vor jedem anderen europäischen Konkurrenten.«
Ausgangsbasis für Telemos könnte das von BAe Systems entwickelte Mantis, ein unbemanntes Aufklärungssystem mit einem Fluggerät der 9-Tonnen-Klasse werden. Wie für Mantis, ist wohl auch für Telemos ein zweistrahliger Antrieb (Turbofans oder Turboprops) geplant. Auf der Paris Air Show (Le Bourget; 20. – 26. Juni 2011) erstmals als Attrappe der Öffentlichkeit präsentiert, wurden keine technischen Details bekannt. Doch deutete man – unverbindlich – an, das System fünf Jahre nach Auftragserteilung liefern zu können. Die Entwicklungskosten bezifferte man auf rund eine Milliarde Euro. Gemäß einer britischen Pressemeldung vom 22. November 2011 geht Frankreichs Verteidigungsministerium inzwischen davon aus, dass Telemos nicht vor 2020 in Dienst gestellt werden kann.
Angesichts der leeren Kassen in den europäischen Verteidigungsetats erscheint es sowieso irrsinnig, zwei konkurrierende unbemannte Flugsysteme zu entwickeln. EADS/Cassidian haben für Talarion (siehe dort) rund 1,4 Milliarden Euro veranschlagt. Wer kann/soll das bezahlen?

Tracker/DRAC

Tracker – in Frankreich als DRAC (Drone de Renseignement Au Contact) in Dienst gestellt - - ist ein unbemanntes Nahaufklärungssystem, das von Cassidian in Zusammenarbeit mit SurveyCopter entwickelt wurde. SurveyCopter ist ein französisches, 1996 gegründetes Rüstungsunternehmen und gilt unter anderem als Spezialist für Entwicklung und Fertigung von Minidrohnen und unbemannten taktischen Aufklärungssystemen, Hightech-Geräten und Datenübertragungssystemen für Aufklärung und Überwachung. Gemäß einer Pressemeldung vom 19. Oktober 2011 hat Cassidian SurveyCopter »geschluckt«, um auf dem französischen Markt stärker Fuß fassen zu können – auch mit Blick auf SurveyCopters Kapazität bei Helikopter- und Luftschiffdrohnen.

Die Kooperation Cassidian – SurveyCopter begann 2003 mit der Konstruktion, Entwicklung und Fertigung des Systems Tracker/DRAC. Mit Tracker/DRAC werden die Nachrichtengewinnungs- und Aufklärungsfähigkeiten der an vorderster Front eingesetzten Truppen bedeutend verbessert. Zum System Tracker/DRAC liefert SurveyCopter das Fluggerät und die Kameras (elektro-optisch und IR). Die Bodenstation sowie einen störfesten Datenlink zur Hochgeschwindigkeitsübertragung von Echtzeit-Daten bei Tag und Nacht und unter widrigen Wetterverhältnissen entwickelte Cassidian.

Ein Tracker/DRAC-System besteht aus zwei mit Nutzlasten bestückten Fluggeräten sowie einer Multifunktions-Bodenstation (Flugkontrolle und Sensoranzeige) und einer sich automatisch ausrichtenden Zielverfolgungsantenne. In zwei Rucksäcken verstaut, ist ein System leicht zu transportieren, in jedem Gelände einsetzbar und in kürzester Zeit montiert beziehungsweise demontiert. Das Fluggerät zählt zu den leistungsfähigsten weltweit und so kann es nicht verwundern, dass das Tracker/DRAC-System nach der industriellen Zulassung 2007 im April 2011 als einziges Mini-Drohnensystem auch die Lufttüchtigkeitsbescheinigung der französischen Behörden erhalten hat.

Nach der Auslieferung von 25 Tracker/DRAC-Systemen an die französische Beschaffungsbehörde (DGA), wurden im Juni 2008 die ersten Bedienerschulungen beendet und damit der Weg für den Einsatz des Systems beim französischen Heer frei. Im Juni 2008 erteilte die DGA einen Folgeauftrag über 35 zusätzliche, zum Jahreswechsel 2009 ausgelieferte Systeme. Darüber hinaus wurden ei-

Tracker im Landeanflug. (Foto: Cassidian)

Tracker im Flug. (Foto: Cassidian)

nige Tracker/DRAC Systeme an Exportkunden ausgeliefert.
Seit Oktober 2010 wird Tracker/DRAC von den französischen Truppen in Afghanistan eingesetzt.
Die Drohne ist 1,50 m lang, hat 3,60 m Spannweite und 8 kg Startgewicht. Angetrieben von zwei Elektromotoren kann sie maximal 90 Minuten in der Luft bleiben. Sie operiert in Flughöhen von bis zu 2000 m und erreicht eine Geschwindigkeit von maximal 52 km/h. Die kommunikative Reichweite zwischen Fluggerät und Bodenstation begrenzt die Flugzeit der Drohnen auf rund zehn Kilometer.
Die Drohne landet automatisch auf Graspiste wobei sie direkt – auf den quasi »Doppelrümpfen« aufsetzt. Weitere Anbauten, wie zum Beispiel Kufen, sind nicht vorgesehen. Charakteristisch für die robuste Konstruktion der Drohne sind ihr Doppelleitwerk sowie die zwischen den Motoren auf dem Flügel angeordnete Nutzlastbehälter.

Wasp

Auch diese Mini-Drohne aus dem Hause AeroVironment beruht auf einem Projekt der DARPA (Defense Advanced Research Projects Agency, eine Behörde des US-Verteidigungsministeriums für fortschrittliche Forschungsprojekte der US-Streitkräfte) aus der zweiten Hälfte der 1990-er Jahre. Gefordert wurde damals ein Aufklärungs- und Überwachungssystem, das Fronttruppen im Einsatz unterstützen, das heißt gegnerische Aktivitäten und Stellungen in Echtzeit erkennen und melden konnte.

Als miniaturisiertes Fluggerät konzipiert, war das Versuchsmodell Wasp Block I bei einer Spannweite von 33 cm nur 13 cm lang und wog 170 g. Es folgte dann die etwas größere Block-II-Version (Spannweite 41 cm, Länge 15 cm, Gewicht 275 g) für operationelle Verwendung. Zur Truppenerprobung bei Einheiten US Marine Corps und US Army eingesetzt, blieb Wasp II bis zu einer Stunde in der Luft, erreichte Geschwindigkeiten von 40 bis 60 km/h und bis zu 4 km Reichweite.

Jüngste seriengefertigte Variante ist die Wasp III. War das Tragwerk ihrer Vorgängerinnen noch rechteckig gestaltet, so ist ihr Flügel schlanker und gestreckter, die Vorderkante gepfeilt. Verglichen mit Wasp I und Wasp II erhielt Wasp III einen schlanken, tiefen Rumpf und ein auffallend großes Seitenleitwerk. Handgestartet, fliegt sie vollautomatisch und navigiert GPS-gestützt, kann aber auch von einem Betreiber manuell gesteuert werden. Weitgehend aus Kunststoff gefertigt, ist ihre Struktur so robust (und wasserdicht!), dass sie nicht nur auf halbwegs ebenem Gelände, sondern auch auf Wasser horizontal landen kann. Ihren Namen Wasp (Wespe) verdankt sie ihrem leise surrenden Elektromotor, der von wiederaufladbaren Akkumulatoren gespeist wird.

Die typische Einsatzhöhe der Wasp III schwankt zwischen 15 und 300 m, sodass sie – klein und leise – nur schwer zu orten ist. Ihre Sensoren liefern Bilder in Echtzeit bei Tag und Nacht.

Ein Wasp-III-System besteht aus einer Drohne sowie je einer Bodenkontroll- und Kommunikationsstation. Die Drohne ist leicht und ihre Nutzlast umfasst miniaturisierte, in Flugrichtung und seitwärts ausgerichtete elektro-optische hochauflösende Kameras sowie ein Wärmebildgerät und einen Höhenmesser. Navigiert wird mittels bordgestützten GPS- und Trägheitsnavigationssystemen und Autopilot. Wasp-III-Drohne ist 38 cm lang, hat 72 cm Spannweite und wiegt 430 g. Sie operiert mit 40 bis 65 km/h, kann bis zu 45 Minuten in

Drohne Wasp III. (Foto: Courtesy AeroVironment, Inc.; aufgenommen 26. April 2007)

Wasp III; Handstart an vorderster Front. (Foto: Courtesy AeroVironment, Inc.; aufgenommen 14. März 2007)

Wasp III; Handstart zur Überwachung verdächtiger Schiffe. (Foto: Courtesy AeroVironment, Inc.)

der Luft bleiben und hat 5 km (kommunikative) Reichweite. Bei einem Gesamtgewicht von 6,53 kg kann das komplette System von einem Soldaten im Rucksack transportiert und in wenigen Minuten einsatzbereit gemacht werden. Wasp III hat sich als so zuverlässig erwiesen, dass AeroVironment die Serienfertigung noch bis mindestens 2016 aufrechterhalten kann.

Watchkeeper

Zum Portfolio von Thales UK gehört auch das unbemannte Gefechtsfeldaufklärungssystem Watchkeeper. Bei der Ausschreibung für das laut Großbritanniens Verteidigungsminister Geoff Hoon »ungeheuer wichtige« Projekt konnte sich Thales gegen Northrop Grumman durchsetzen. Gemäß einem Beschaffungsauftrag für 15 Systeme (Wert rund 1,25 Mrd. Euro) sollten die Lieferungen ursprünglich Ende 2006, dann 2009 beginnen. Aber auch dieser Termin verstrich und während die britischen Streitkräfte auf ihrer Webseite Anfang Dezember 2011 noch die Indienststellung für 2010 ankündigten, scheint auch das Jahr 2011 – vermutlich aus finanziellen Gründen – ungenutzt verstrichen zu sein. Noch operieren die britischen Truppen in Afghanistan mit ihren bewährten Hermes 450.
Watchkeeper basiert in wesentlichen Teilen auf der israelischen Hermes 450 (siehe dort) der Elbit Systems Ltd. Als Schulterdecker konstruiert, startet, landet und fliegt Watchkeeper voll-

Watchkeeper; Erstflug in Israel 16. April 2008. (Foto: Mit freundlicher Genehmigung Thales Group, Stuttgart)

Watchkeeper; Erstflug in Großbritannien 14. April 2010. (Foto: Mit freundlicher Genehmigung Thales Group, Stuttgart)

automatisch. Im Notfall oder falls es die taktische Lage erfordert, kann der »Pilot« jederzeit manuell eingreifen und das Fluggerät über eine bordgestützte Kamera dirigieren.
Zwei Sensorsysteme können unter dem Rumpf mitgeführt werden. Die Nutzlast (maximal 150 kg) kann vielfältigen Anforderungen angepasst und erweitert werden. Sie umfasst beispielsweise elektro-optische und IR-Kameras, Bodenradar mit Seitensicht-Betriebsart (Ku-Band), ELINT/COMINT (elektronische Aufklärung, Fernmelde-/Funkaufklärung) sowie ein satellitengestütztes Kommunikationssystem, aber auch Laser-E-Messer und Laser-Zielmarkierer sowie Systeme zur Elektronischen Kampfführung.
Die Avioniksysteme, Bordcomputer und Datenverbindungen sind dual ausgelegt und das Fluggerät besitzt sogar eine Enteisungseinrichtung.
Da Entwicklung, Fertigung, Montage und Flugerprobung im wesentlichen bei Elbit Systems Ltd. in Israel erfolgte, absolvierte, startete Watchkeeper zweimal zum Erstflug: am 16. April 2008 in Israel und am 14. April 2010 in Großbritannien.
Dank großer Einsatzdauer ermöglicht Watchkeeper weiträumige ISTAR-Missionen (Nachrichtengewinnung, Überwachung, Zielentdeckung, Aufklärung, Feuerleitung (Artillerie) und Wirkungsaufklärung. Alle ausgespähten Informationen werden über Datenverbindungen mit direkter Sichtlinie (Line of Sight) – sofern keine Hindernisse stören – in Echtzeit geliefert, und

Watchkeeper (Foto: Mit freundlicher Genehmigung Thales Group, Stuttgart)

zwar bei Tag und Nacht und jeder Witterung. Im C4I-Verbund (Command, Control, Communications, Computers and Intelligence = Führung, Kontrolle, Kommunikation, Computer und Aufklärung). vernetzt, können diese Informationen auch an Kampfflugzeuge, Führungsstäbe und Aufklärungssatelliten weitergeleitet werden.
Die Flossen des Seitenleitwerks sind V-förmig angeordnet. Angetrieben wird Watchkeeper von einem Wankelmotor, der nach Ausfall in der Luft auch im Flug wieder gestartet werden kann. Er leistet 38 kW (52 PS) und treibt eine heckmontierte Zweiblatt-Druck-Luftschraube. Das feste Bugrad-Fahrwerk ist robust und erlaubt Starts und Landungen auch von unbefestigten Pisten. Sind die vorhandenen Landeplätze für »normale« Landungen zu klein, kann das Fluggerät mittels Fanghaken und gespannten Seilen nach kurzer Rollstrecke zum Stehen gebracht.
Ein Watchkeeper-Gefechtsfeldaufklärungssystem besteht aus zwei Fluggeräten (das zweite dient im Einsatz als fliegende Relaisstation), einer Bodenkontrollstation und einem Startgerät. Es ist äußerst mobil und die Standzeit des Fluggerätes zwischen den Einsätzen kurz.
Bei einer Länge von 6,10 m und 10,51 m Spannweite hat das Fluggerät eine Höchststartmasse von 450 kg.

Watchkeeper; Flugerprobung in Israel. (Foto: Mit freundlicher Genehmigung Thales Group, Stuttgart)

X-45A

Im Verlauf des von DARPA und USAF initiierten J-UCAS-Programms (Joint Unmanned Combat Air System) hat Boeing mit den Versuchsträgern seiner X-45-Familie unbemannten autonomen Kampfflugzeugen der nächsten Generation den Weg gewiesen. Daran kann auch die Tatsache nichts ändern, dass diese Flugzeuge seit August 2006 nur noch Ausstellungsstücke im Smithsonian National Air and Space Museum und im National Museum of the US Air Force sind. J-UCAS sollte aufzeigen, über welche Fähigkeiten und Ausrüstung unbemannte Kampfjets verfügen mussten, um autonom und erfolgreich SEAD-Missionen (identifizieren und bekämpfen/niederhalten der gegnerischen bodengebundenen, radargestützten Luftverteidigung) durchführen zu können.

Im September 2000 wurde in Boeings Phantom Works die erste X-45A »The Elsie May« fertiggestellt. Sie startete am 23. Mai 2002 zum Jungfernflug – die zweite X-45A folgte im November. Neben der technischen Erfolgsgeschichte ist hervorzuheben, dass alle nach-

Oben: X-45A mit ausgefahrenem Fahrwerk im Landeanflug. (Foto: Copyright Boeing)

Unten: Die beiden Versuchsträger X-45A; die ersten Stealth-Drohnen der Welt! (Foto: Copyright Boeing)

folgenden (fast 70!) Flüge ohne Zwischenfälle durchgeführt wurden. Erwähnenswert auch, dass beide X-45A im verkleinerten Maßstab gebaut wurden, in ihrer Konstruktion also nicht den geplanten seriengefertigten Fluggeräten entsprachen.
Bei der großartigen Erfolgsgeschichte ist besonders zu betonen, dass eine X-45 als erster unbemannter Kampfjet am 4. April 2004 eine GPS-gesteuerte 250-kg-Bombe auf ein Bodenziel abwarf und am 1. August desselben Jahres beide Flugzeuge – von einem »Piloten« manuell gesteuert – einen koordinierten Einsatz flogen. Auch am 10. August 2005 war die Welt der X-45A noch in Ordnung. Denn an diesem Tag starteten beide Versuchsträger in Edwards Air Force Base zu ihrer letzten und schwierigsten Mission. Unterwegs zum rund 100 km entfernten Einsatzgebiet erkannten und identifizierten ihre bordeigenen Systeme bedrohliche Flugabwehrstellungen, flogen selbständig Ausweichmanöver und bestimmten den optimalen Kurs. Über dem Einsatzgebiet angelangt, flogen sie – nach vorheriger Kommunikation untereinander – zwei simulierte Bombenangriffe und kehrten sicher zurück. Leider hatten sich die Anforderungen der USAF und US Navy inzwischen aber derart verändert, dass das Programm kurz vor der Fertigung der ersten Vorserienflugzeuge gestoppt werden musste.
Beide X-45A wurden unter Beachtung de Stealth-Technologie mit faserverstärkten Epoxid-Verbundwerkstoffen gebaut. Ihre Flügel waren stark gepfeilt, das Fahrwerk einziehbar und im Rumpf zwei Waffenschächte angeordnet. Bei einer Länge von 8,08 m hatten die X-45A 10,26 m Spannweite, 3630 kg Leer- und 5450 kg Höchststartmasse. Als Kraftstoff konnten 1220 kg und in den Waffenschächten 680 kg Bombenlast mitgeführt werden. Angetrieben von einem Mantelstromtriebwerk Honeywell F124-GA-100 (Schubleistung 27,8 kN), erreichten die X-45A Mach 0,75, maximal 10670 m Dienstgipfelhöhe von 10670 m und 830 km Einsatzradius.

X-47A/B Pegasus

Wie die X-45A, verdankt auch die X-47 ihr Dasein dem DARPA-Programm J-UCAS. Während Boeing sich dabei stärker an den Anforderungen der USAF orientierte, setzte Northrop Grumman auf die Marine und deren Programm UCAS-D für einen unbemannten, trägergestützten Kampfjet.
Am 30. Juli 2001 wurde der erste Versuchsträger, eine X-47A, feierlich der Öffentlichkeit vorgestellt; Erstflug: im Februar 2003. Auch sie kann in zwei, links/rechts neben dem Triebwerk angeordneten Waffenschächten Bomben mitführen.
Mehr als sieben Jahre später (16. Dez. 2008) präsentierte Northrop Grumman mit der X-47B eine größere Variante. Auch sie kann in ihren Waffenschächten Bomben mitführen. Wiederum ein Jahr später begannen die Rollversuche auf dem Luftwaffenstützpunkt Palmdale. Mit dem Jungfernflug der ersten X-47B musste bis zum 4. Februar 2011 gewartet werden; die zweite startete am 22. November 2011 in Edwards Air Force Base zu einem 30-minütigen Flug. Das auf drei Jahre ausgelegte Testpro-

Unten: Rollversuche der ersten X-47B in Palmdale Air Force Base, Kalifornien. (Foto: Northrop Grumman)

4. Februar 2011: Jungfernflug der ersten X-47B. (Foto: Northrop Grumman)

gramm soll unter anderem in Edwards Air Force Base und auf der Naval Air Station Patuxent River durchgeführt werden. Mit simulierten Trägerlandungen soll 2013 begonnen werden. Dabei müssen Katapultstart, Präzisionsanflug mit niedriger Geschwindigkeit sowie Einbindung der X-47B in den normalen Betrieb an Deck mit bemannten Fluggeräten geprüft und geprobt werden.

Bei der Entwicklung auch dieses unbemannten Kampfjets der nächsten Generation ist auch die X-47B als Tarnkappendrohne ausgelegt und fast vollständig aus Verbundwerkstoffen gefertigt worden. Die stark gepfeilten Flügelvorderkanten treffen sich am Bug, sodass die stärksten Radarrückstreu-Nebenkeulen im vorderen Bereich nicht in Flugrichtung reflektiert werden. Zur optimalen Radartarnung wurde auf Höhen- und Seitenleitwerk verzichtet und die X-47B statt dessen mit einem ausgeklügelten Klappensystem gesteuert. Zum Einsatz auf den Flugzeugträgern wurden die Flügelspitzen zum »parken« auf den beengten Decks beigeklappbar konstruiert.

Die X-47B ist 11,63 m lang, 3,10 m hoch und hat eine Spannweite von 18,93 m (mit beigeklappten Flügelspitzen 9,40 m). Ihre Höchststartmasse wird auf rund 21000 kg geschätzt. Sie fliegt im hohen Unterschallbereich, erreicht eine Dienstgipfelhöhe von rund 12000 m und fast 3000 km Einsatzradius. Als Waffenlast werden rund 2050 kg und als Überführungsreichweite rund 6500 km genannt. Als Antrieb wählte Northrop Grumman das Mantelstromtriebwerk Pratt & Whitney F100-PW-220U. Diese Weiterentwicklung des F100-PW-220 und -220E bietet 71,2 kN Schubleistung.